新型发光材料与光电子技术应用研究

李小魁　王世民　著

黄 河 水 利 出 版 社
·郑 州·

内 容 提 要

本书介绍了发光材料、光电器件、光电技术的最新进展、研究热点方向和典型应用,涉及发光材料、光电器件、光电采集、单片机技术、自动检测技术等内容。光电技术作为信息科学的一个分支,是由发光材料、光学、光电子、微电子、自动检测等技术结合而成的多学科综合技术。

本书可作为从事发光材料、光电子等领域工作的研究人员、工程技术人员和技术管理人员的参考书,也可作为普通高等院校相关专业研究生的参考资料。

图书在版编目(CIP)数据

新型发光材料与光电子技术应用研究/李小魁,王世民著. —郑州:黄河水利出版社,2018.9
ISBN 978 - 7 - 5509 - 2161 - 0

Ⅰ. ①新… Ⅱ. ①李…②王… Ⅲ. ①发光材料 - 研究②光电子技术 - 研究 Ⅳ. ①TB34②TN2

中国版本图书馆 CIP 数据核字(2018)第 223783 号

组稿编辑:陶金志 电话:0371 - 66025273 E-mail:838739632@qq.com

出版发行:黄河水利出版社

地址:河南省郑州市顺河路黄委会综合楼 14 层 邮政编码:450003

发行部电话:0371 - 66026940、66020550、66028024、66022620(传真)

E-mail:hhslcbs@126.com

承印单位:河南新华印刷集团有限公司

开本:787 mm × 1 092 mm 1/16

字数:200 千字

印张:11.25 印数:1—1 000

版次:2018 年 9 月第 1 版 印次:2018 年 9 月第 1 次印刷

定价:39.00 元

前　言

本书是由发光材料、光学、光电子、微电子、自动检测等技术结合而成的多学科综合技术，涉及光信息的辐射、传输、探测以及光电信息的转换、存储、处理与显示等内容。光电技术作为信息科学的一个分支，是将传统光学材料、现代微电子技术、计算机技术、电子科学技术有机结合起来的新技术，已成为获取光信息和借助光提取其他信息的重要手段，是一种将电子技术的各种基本概念，如光电信号采集、放大与量化、数字信号处理、调制与解调、倍频与差频等技术应用到实际工程的技术。

发光材料是光电子技术的基础，内容涉及化学学科、材料学科的基础前沿知识，新型发光材料与光电技术结合，将更有利于新型发光器件的理论探索及其在光电领域的应用，为光电信息领域在不同学科和不同研究方向的融合发展提供基础和依据。光电技术的内容涉及发光材料的应用、光电转换器件、光电采集、单片机技术、自动检测技术等内容。光电技术以其极快的响应速度、极宽的频宽、极大的信息容量以及极高的信息效率和分辨率推动着现代信息技术的发展，从而使光电信息产业在市场中所占的份额逐年增加。在技术发达国家，与光电信息技术相关产业的产值已占国民经济总产值的一半以上，从业人员逐年增多，竞争力也越来越强。

随着光电技术的飞速发展，新技术、新器件不断涌现，光电技术已经广泛应用于国民经济和国防建设的各行各业。近年来，对光电产业的从业人员和人才需求在逐年增多，对光电信息技术基本知识的需求量也在增加，为适应当前新技术的发展，本书作者总结了近年来的科研成果和实践经验而撰写了本书。

本书由李小魁和王世民合著完成，具体分工为：王世民负责编写第 1 ~ 4 章，李小魁负责编写第 5 ~ 10 章，本书在河南省科技攻关项目（182102310871、182102210255）资助下完成。

由于作者水平和能力有限，书中内容难免有疏漏之处，敬请广大读者批评指正，以便后续更正。

作　者

2018 年 6 月

前 言

[illegible]

作 者

2018年 [illegible] 月

目　录

第1章　绪　论

1.1　引　言

作为一种新型的平板显示技术，有机电致发光二极管（英文简称OLED）OLED具有宽视角、超薄、响应快、发光效率高、可实现柔性显示等优点，被业内人士称为“梦幻般的显示器”，是全球公认的继LCD液晶显示后的下一代主流显示器。与LCD技术相比，OLED的优点是：可以自身发光，发光效率更高可达上万 cd/m^2；显示对比度更高，色彩效果更丰富，可制备成多色和全彩色显示屏；所需材料少，制造工艺简单；响应速度快捷；视角范围广，可视角度一般可达到160°；工作温度范围宽，在 -45 ~ 80 ℃的条件下都可以工作。OLED技术的出现为我国在平板显示领域实现跨越式发展提供了宝贵的机遇。《国家中长期科学和技术发展规划纲要（2006—2020年）》中明确指出“开发有机发光显示等各种平板和投影显示技术为优先主题”。多年来的技术积累以及国家产业政策的支持，将进一步推动有机光电产业的蓬勃兴起。另外，OLED由于其高效率、低能耗，较安全的低工作电压，制作和使用都是环保的，没有灯丝断裂，耐用寿命长，维护价格低，有高质量的光输出，仅有少量的紫外光和红外光辐射等优点成为继目前实用的固态光源除白光LED灯外的新一代固态照明光源，在未来的节能环保型照明领域具有广阔的应用前景。OLED的应用如图1-1所示。

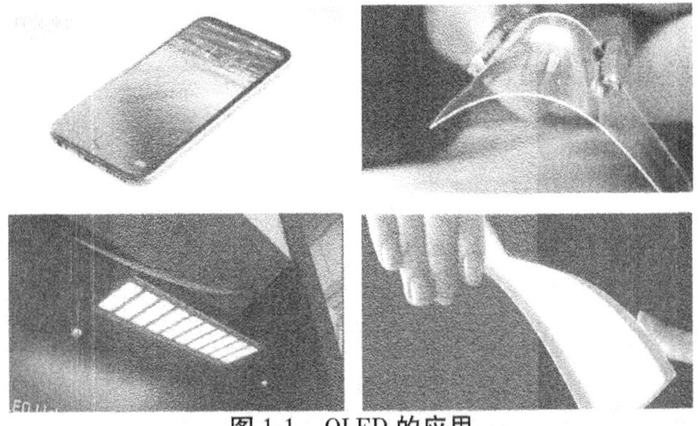

图1-1　OLED的应用

1.2 有机电致发光材料

OLED 的发展史和 OLED 材料与器件的发展是密不可分的。其中,OLED 材料是基础。第一代 OLED 材料是以荧光材料三-(8-羟基喹啉)铝(Alq_3)为代表,此类材料受自旋禁阻的限制,只能利用 25% 的单线态激子发光,限制了器件的效率;第二代 OLED 材料,即从 1998 年 Förrest 报道的磷光材料发光,到当前以磷光材料铱(Ir)配合物为代表,通过重金属原子增强的快速系间蹿越(Intersystem crossing, ISC)同时利用单线态激子和三线态激子实现磷光发射,使内量子效率(η_{int})接近 100 % 利用率,但其存在色度不全(蓝色磷光材料缺乏)、价格昂贵、贵重金属资源紧缺等问题。鉴于发光材料在 OLED 显示技术中的关键作用,以及降低成本的迫切需求,近年来,有机发光二极管(OLED)材料和器件又有了新进展,出现了第三代电致发光 OLED 材料。它与传统的荧光材料、磷光材料和器件不同,这种材料和器件融合了荧光和磷光的低成本和高效率等优点,促进了人们对 OLED 研究的新机制:产生于单重态向三重态上转换的延迟荧光的光物理的深入认识,还将带动未来 OLED 产业的发展。这种机制可以说是继荧光和磷光之后的 OLED 的第三个里程碑。比如绕过卡莎规则(Kasha's rule)调谐自旋轨道耦合、三重态-三重态湮灭(triplet-triplet annihilation, TTA)、局域电荷转移杂化激发态(hybrided local charge-transfer, HLCT)、热激活延迟荧光(thermally-activated delayed fluorescence, TADF)等。

1.2.1 传统有机电致荧光和磷光发光机制

有机分子通过吸收某种形式(如光、电、磁、热等)的能量后,被激发到某一激发态,由于激发态能量高而不稳定,处于激发态的分子就会以能量释放的方式由激发态回到基态,或者由高激发态到低激发态,同时发射一个光子,也就是所谓的辐射跃迁,包括荧光和磷光。

激发态依据其电子自旋方向是否与基态相同分为三线态(T1,T2,T3,…)和单线态(S1,S2,S3,…)。因为平行自旋要比成对自旋更稳定些(Hund's rule),因此三线态的能量一般是低于单线态的,分子受到外界能量激发后,从基态 S0 激发到单线态 Sn 的各个振动能级上,处于激发态分子很不稳定,会通过辐射跃迁和非辐射跃迁的方式回到基态。激发态分子以很快的速率通过内转换(internal conversion,IC),或者发生分子振动弛豫回到 S0 基态,或者通过辐射出光子,以辐射退激的方式回到 S0 基态,完成了一个吸收光子的激发与退激(荧光发射)的过程。

而对于 OLED 来说,激子或者激发态的形成是通过载流子注入的方式进行的,从量子统计上来说,可以生成数目比 1∶3的单线态和三线态激子。我们的第一代荧光材料就是利用这 25% 的单线态激子,通过上述过程,辐射光子,完成荧光发射过程,同时由于这仅有的 25% 限制了其激子利用率的最大上限为 25% 。而对于激发三线态 T1 向基态 S0 振动能级跃迁的过程,即传统的磷光发射过程是禁阻的,对于不含有重金属的有机分子,在常温下,分子经过激发后无法自发地发生系间窜越,也就是说单线态的激发态和三线态的激发态无法自发的相互转变,换言之,生成的 75% 的三线态激子会因为缺乏有效的系间窜越而无法回到单线态而只能通过热振动方式退激而浪费。但是在分子中引入重金属原子如铱或者铂后,由于重金属的轨道与自旋的强烈耦合作用,使得三线态激发态可以高效地通过辐射退激回到单线态而发出光子,从而实现磷光发射过程,这也就是第二代磷光材料的发光机制过程,从而可以达到 100% 的激子利用率。而通过设计合成不含有过渡金属的有机电致发光材料来进一步提高激子利用率,科研人员发现了以下几种可行的方式。

1.2.2 热激活延迟荧光(TADF)

热激活延迟荧光(TADF)属于延迟荧光中的一种,即控制三线态和单线态小的能极差,在外界热能的支持下可以发生三线态向单线态的反隙间窜越跃迁,从而实现延迟的荧光发射,这种现象最先在四溴荧光素(Eosin)中被观察到,故被称作 E 型延迟荧光。TADF 过程是三重态激子受热后通过反向系间窜越(reverse intersystem crossing,RISC)被激励上转换至单线态,单线态激子退激发光。此过程有望使全部的激子为发光做出贡献,即器件的内量子效率理论上可达到 100% 。由玻尔兹曼分布关系知道反系间窜越常数和能极差成反比,而单重态与三重态之间的能量差值大小取决于所涉及轨道的空间重叠程度,而 HOMO 和 LUMO 轨道分离带来的低轨道交叠促使其单线态和三线态之间的能级差别很小,当能级差别足够小时,三线态激子在热能激发下向单线态发生反系间窜越生成单线态激子,从而理论上可以达到激子利用率 100% 。

1.3 光电效应

1.3.1 光电效应的概念

光照射到金属上,引起物质的电性质发生变化。这类光变致电的现象被人们统称为光电效应(photoelectric effect),是1887年赫兹研究麦克斯韦电磁理论时偶然发现的。1905年,爱因斯坦在《关于光的产生和转化的一个启发性观点》一文中,用光量子理论对光电效应进行了全面的解释。1916年,美国科学家密立根通过精密的定量实验证明了爱因斯坦的理论解释,证明了光量子理论, 使其逐渐地被人们所接受。

按照粒子说,光是由一份一份不连续的光子组成的,当某一光子照射到对光灵敏的物质(如硒)上时,它的能量可以被该物质中的某个电子全部吸收。电子吸收光子的能量后,动能立刻增加;如果动能增大到足以克服原子核对它的引力,就能在十亿分之一秒时间内飞逸出金属表面,成为光电子,形成光电流。单位时间内,入射光子的数量愈大,飞逸出的光电子就愈多,光电流也就愈强,这种由光能变成电能自动放电的现象,就叫光电效应。

1.3.2 内、外光电效应

光电效应中多数金属中的光电子只能从靠近金属表面内的浅层(小于微米) 逸出,不能从金属内深层逸出。光波能量进入金属表面后不到1 μm的距离就基本被吸收完了。

光电效应分为内光电效应和外光电效应。光电效应分为光电子发射、光电导效应和阻挡层光电效应,又称光生伏特效应。前一种现象发生在物体表面,又称外光电效应;后两种现象发生在物体内部,称为内光电效应。外光电效应是被光激发产生的电子逸出物质表面,形成真空中的电子的现象。内光电效应是被光激发所产生的载流子(自由电子或空穴)仍在物质内部运动,使物质的电导率发生变化或产生光生伏特的现象。光电效应分为光电导效应和光生伏特效应。

内光电效应:现代很多光电探测器都是基于内光电效应,其中光激载流子(电子和空穴)保留在材料内部。最重要的内光电效应是光电导,本征光电导体吸收一个光子,就会从价带激发到导带,产生一个自由电子,同时在价带产生一个空穴。对材料施加的电场导致了电子和空穴都通过材料传输,并随之在探测器的电路中产生电流。基于内光电效应的探测器有光电导探测器、光伏探测器等。

外光电效应:当光照射某种物质时,若入射的光子能量足够大,它和物质中的电子相互作用,致使电子逸出物质表面,就是外光电效应,逸出物质表面的电子叫做光电子。利用光电子发射材料可以制成各种光电器件。光电倍增管(photomultiplier tube)是一种建立在外光电效应、二次电子效应和电子光学理论基础上,把微弱入射光转换成光电子并获得倍增的真空光电发射器件。

1.3.3 光电效应的实验规律

爱因斯坦为了解释光电效应,在1905年发表了题为《关于光的产生和转化的一个启发性观点》的论文,该文提出了光量子—光子假说,其内容是:当光束在和物质相互作用时,其能流并不像波动理论所想象的那样连续分布,而是集中在一些叫做光子(或光量子)的粒子上。当光束照射在金属上时,光子一个个地打在它的表面。金属中的电子要么吸收一个光子,要么完全不吸收。而光子的能量 E 正比于其频率 ν,即

$$E = h\nu, h\nu = \frac{1}{2}mv_0^2 + A$$

光电效应满足爱因斯坦方程,h 为普朗克常数,v_0 为光电子逸出金属表面的速度,A 为金属的逸出功。

通过大量的实验总结出光电效应具有如下实验规律:

(1)每一种金属在产生光电效应时都存在一极限频率(或称截止频率),即照射光的频率不能低于某一临界值。相应的波长被称作极限波长(或称红限波长)。当入射光的频率低于极限频率时,无论多强的光都无法使电子逸出。

(2)光电效应中产生的光电子的速度与光的频率有关,而与光强无关。

(3)光电效应的瞬时性。实验发现,几乎在照到金属时立即产生光电流,响应时间不超过 10^{-9} s(1 ns)。

(4)入射光的强度只影响光电流的强弱,即只影响在单位时间单位面积内逸出的光电子数目。在光颜色不变的情况下,入射光越强,饱和电流越大,即一定颜色的光,入射光越强,一定时间内发射的电子数目越多。

1.4 光电效应的应用

将光信号转变成电信号的器件叫光电器件。某些物质吸收光子的能量产

生本征吸收或者杂质吸收，从而改变物质电导率的现象称为物质的光电导效应。利用光电导效应的材料可以制造成电导率随入射光度量变化的器件称为光电器件。

常见光电器件有光敏管、光敏电阻、光敏二极管、光敏三极管、光敏组件、色敏器件、光敏可控硅器件、光耦合器、热辐射探测器件、光电池等光电器件。这些器件已被广泛应用于生产、生活、军事等领域。下面介绍几种光电器件的应用。

1.4.1 光敏管

光敏管包括光电管、光电倍增管和像管三类。光电管和光电倍增管是辐射光的接收器件，完成光信号转变电信号的功能。光电管广泛应用于光电自动装置、传真电报、电影放映机、录音机等设备；光电倍增管应用于电影放映机的还声系统；像管应用于摄影机。

1.4.2 光敏电阻器

光敏电阻器是一种电导率随吸收的光量子多少而变化的电子元件。当某种物质受到光的照射时，载流子浓度增加，从而增加了电导率。这种附加的电导叫光电导。根据光敏电阻器的光谱特性，光敏电阻器可分为以下 3 种：

(1) 紫外光敏电阻器，主要用于检测紫外线强度。

(2) 可见光敏电阻器，主要用于光电跟踪、照相机自动曝光检测和可见光强度类自动控制电路等。

(3) 红外光敏电阻器，主要用于物体红外检测、人体病变探测、红外通信、导弹制导、光报警装置等。

1.4.3 硅光敏二极管、硅光敏三极管

硅光敏管有硅光敏二极管、硅光敏三极管两类。硅光敏管的基本结构是 PN 结，当硅光敏二极管不受光照时，通过 PN 结的是由环境温度产生的微小暗电流和加反向偏压所产生的漏电流；当硅光敏二极管受到光照时，光的能量变成电能，才产生光电流。硅光敏三极管则是光信号从基极输入，通过调节偏置来得到所需要的工作状态和放大特性。

1.4.4 热辐射探测器件

热电传感器件是将温度变化转换为电量变化的装置，它是利用某些材料

或元件的性能随温度变化的特性来进行测量的。温度是表征物体冷热程度的物理量,反映物体内部各分子运动平均动能的大小。温度可以利用物体的某些物理性质(电阻、电势等)随着温度变化的特征进行测量,测量方法按作用原理分接触式和非接触式。

1.4.5 光电耦合器

光电耦合器是以光为媒介传输电信号的一种电—光—电转换器件,由发光源和受光器两部分组成。当发光源和受光器组装在同一密闭的壳体内,彼此间用透明绝缘体隔离。发光源的引脚为输入端,受光器的引脚为输出端,常见的发光源为发光二极管,受光器为光敏二极管、光敏三极管等。光电耦合器主要应用于稳压电源、光电开关、限幅器及各种逻辑电路中,用以代替继电器等装置。

1.4.6 太阳能电池

太阳能电池是一种将能量转换的光电元件,其基本构造是运用 P 型与 N 型半导体接合而成的。半导体最基本的材料是硅,它是不导电的,但如果在半导体中掺入不同的杂质,就可以做成 P 型与 N 型半导体,再利用 P 型半导体有个空穴(P 型半导体少了一个带负电荷的电子,可视为多了一个正电荷),与 N 型半导体多了一个自由电子的电位差来产生电流,所以当太阳光照射时,光能将硅原子中的电子激发出来,而产生电子和空穴的对流,这些电子和空穴均会受到内建电位的影响,分别被 N 型及 P 型半导体吸引,而聚集在两端。此时外部如果用电极连接起来,形成一个回路,这就是太阳电池发电的原理。简单地说,太阳光电的发电原理,是利用太阳电池吸收 0.4 ~ 1.1 μm 波长(针对硅晶)的太阳光,将光能直接转变成电能输出的一种发电方式。

1.5 本书的主要内容

光电技术是由发光材料、光学、光电子、微电子、自动检测等技术结合而成的多学科综合技术,涉及光信息的辐射、传输、探测以及光电信息的转换、存储、处理与显示等众多的内容。光电技术作为信息科学的一个分支,是将传统光学材料、现代微电子技术、计算机技术、电子科学技术有机结合起来的新技术,已成为获取光信息和借助光提取其他信息的重要手段,是一种将电子技术的各种基本概念,如光电信号采集、放大与量化、数字信号处理、调制与解调、倍频与差频等技术应用到实际工程的技术。本书各章节详细内容安排情况如下：

第1章：绪论。人们在信息交流方面几乎都在使用着发光器件，本章阐述了有机电致发光器件的优势，介绍了几种有机电致发光材料的类型，并从机制上简要对三代发光材料进行了介绍，目前发展的新型有机电致发光材料效率更高，不含重金属，成本更低，可以满足产业化需求。利用光电子发射材料制成各种光电器件，某些物质吸收光子的能量产生本征吸收或者杂质吸收，从而改变物质电导率，引出光电效应。利用光电导效应的材料可以制造成电导率随入射光度量变化的器件称为光电器件，并将光敏管、光敏电阻、光敏二极管、光敏三极管、光敏组件、色敏器件、光敏可控硅器件、光耦合器、热辐射探测器件、光电池等光电器件应用在自动检测电路中。

第2章：基于苯并咪唑和蒽的发光材料。本章用二氮杂芴作为基本骨架，蒽或芘作为发光基团，咔唑和苯并咪唑作为修饰基团，通关铃木反应和强酸脱水偶联反应将其偶联在一起，制备出功能化蓝色有机电致发光材料。经过发光性能测试，这两种发光材料发射波峰值都在450 nm处，是一类新型的蓝色发光材料。

第3章：基于三苯胺和蒽的发光材料。以三苯胺、9,10－二溴蒽、甲苯、4－硼酸三苯胺、4－(二苯基氨基)苯硼酸三苯胺－4－硼酸、蒽、9－蒽硼酸、对溴苯甲醛、邻硝基三苯胺、4－叔丁基苯甲酰3,8－二溴－1,10－菲罗啉等一系列原料通过乌尔曼反应与铃木反应来合成功能化有机电致发光材料，采用质谱、核磁共振氢谱测定其产物结构，利用紫外光谱与荧光光度计测试其发光性能，通过这一系列的分析方法最终确定所合成的最终产物为新型蓝色发光材料。

第4章：基于咔唑和蒽的发光材料。载流子传输是有机电致发光材料的重要性能之一，而结合载流子传输基团制备发光材料，使材料具有优秀的发光性能也具备优秀的电致发光性能。本章介绍一类基于咔唑和蒽的发光材料，最终得到一类功能化蓝色发光材料，经核磁、质谱等手段验证其结构，经紫外以及荧光光谱对目标产物进行性能的测试，证明系统设计合成是制备高效的功能化有机电致发光材料的有效手段，并为后续该类材料的设计合成提供基础。

第5章：教室灯光自动控制系统的设计。介绍一种教室灯光自动控制的系统设计。系统硬件选用STC89C52作为主控芯片，热释电红外传感器检测人体存在，光敏电阻感应光强。软件系统实现当光照强度大于设定阈值时，不管是否检测到人体存在教室都不开灯，当光较暗光照强度小于阈值时，热释电检测到有人体存在就自动开灯，人离开一段时间后教室灯光会自动关闭。

第6章：多功能智能台灯的设计。设计制作出了一款多功能智能LED台灯，系统基于STC89C52单片机，使用热释电红外传感器、红外对管传感器、光敏电阻传感器和蜂鸣器等硬件模块，设计一款具有纠正学习者坐姿，防止近视的功能，能够很好地保护学习者特别是青少年的身心健康的台灯；该台灯能够根据需要来自动开、关灯，在满足学习者的照明需求下，充分地做到节能环保，低碳生活。经调试，将台灯的检测调到了较为合理的范围，该系统满足预期功能。

第7章：红外热释电光电报警器的设计。本设计以STC89C52单片机作为整个系统的控制核心，使用热释电红外传感器作为信息采集模块，利用蜂鸣器作为报警单元，采用GSM为信号发送模块。以被测环境中红外辐射变化为触发条件，通过对热释电的分析，引发单片机进行工作，单片机把工作指令发送给其他模块，令报警模块报警发声，GSM模块发送信息给手机。在制作完成后再对整体进行测试，测试防盗器的真实性能，最后进行合理的调整和安装布局，得到一个功能齐全、反应灵敏，可以稳定使用的红外热释电光电报警器。

第8章：基于蓝牙的热水器控制器系统设计。介绍了一种能远程控制的电热水器系统，基于STC89C52单片机与HC－05蓝牙模块通信的基础，实现在手机上进行温度显示与控制，温度采集模块将水温信息传输到单片机，当水温低于设定的温度下限时，继电器打开，负载工作开始加热，当水温高于设定的温度下限时，继电器断开，负载停止加热。系统主要由蓝牙模块，单片机模块，继电器模块，温度采集模块等组成。实物调试结果表明，温度的精度以及蓝牙的传输距离符合设计要求，所设计的系统能够满足设计要求。

第9章：电动车防盗报警器的设计。设计了一款电动车防盗报警器，以热释电红外传感器和震动传感器为感应模块，以STC89C52单片机为控制核心，HC－SR501热释电红外传感器和HDX震动传感器同时触发会报警，当发现有异常时，能够通过无线遥控系统的布防撤防，通过GSM模块向车主发送短信，大幅度降低了误触发率。本系统具有结构简单，易操作，误触发率低的特点。

第10章：智能家居控制系统的设计。介绍了一款家居环境监测的软硬件设计过程，以单片机STC89C52RC为主要的控制中心、光敏电阻、蓝牙传感器、步进电机、传感器、按键、蜂鸣器、LCD1602液晶显示器等各种辅助硬件相结合组成的电路。本文设计的组成部分有门禁系统、照明系统、报警系统、智能家居手机蓝牙监测系统等，本设计系统结构简单、成本低廉、硬件少、容易操作等特点。

第2章 基于苯并咪唑和蒽的发光材料

2.1 概 述

2.1.1 有机电致发光材料

有机电致发光器件是近年来平板显示领域的研究热点。该类材料拥有比液晶显示更加卓越的特性与品质，非常有可能成为下一代主流的平板显示器。它拥有抗震荡、耐低温、驱动电压低、发光视角宽、制备工艺简单、全固态、响应速度快、可进行大面积生产等非常优越的性能。有机电致发光引起了人们的极大关注，认为其在信息显示与固态照明领域可代替液晶显示器，从而引起照明领域的一场新的革命，被认为是未来最有可能替代液晶显示器的一种新技术，引起了人们的极大关注。因而，在信息显示和固态照明领域具有广阔的应用前景，被看作是照明领域的一场革命。

有机电致发光材料的研究可追溯到20世纪60年代。1963年，美国纽约大学知名教授Pope等首次报道了单晶蒽的电致发光现象，但是由于器件的发光层较厚，只能看到微弱的发光现象，没有引起广泛关注。但是这并不能否定其非同凡响的开创意义，使有机电致发光的研究拉开了序幕。1982年，Vincent博士研究小组成功制备出0.6 μm的蒽沉积膜，优先将工作电压降到了30 V以下，同时将器件的量子效率提高到约1%。1987年，有机发光材料的研究取得了突破性的进展，被誉为“有机发光材料之父”的邓青云教授利用发光材料三-(8-羟基喹啉)铝(Alq_3)，采用真空蒸镀工艺成功制备出了具有“三明治”结构的有机电致发光器件，如图2-1所示。该器件的发光亮度可高达1 000 cd/m^2，且最大功率效率也可达到1.5 lm/W，而驱动电压低至10 V，于氩气中的使用寿命超过100 h，成为首个具备低能耗、高效率、高亮度等优点的有机电致发光材料。1990年，剑桥大学卡文迪许教授发现了聚对苯乙炔(PPV)的电致发光。这一成果，开辟了聚合物电致发光材料的先河。

在20多年后的今天，有机电致发光材料的应用已趋于成熟，但高性能OLED的研究始终是研究重点和难点。在全彩显示和白光照明中，高稳定性、

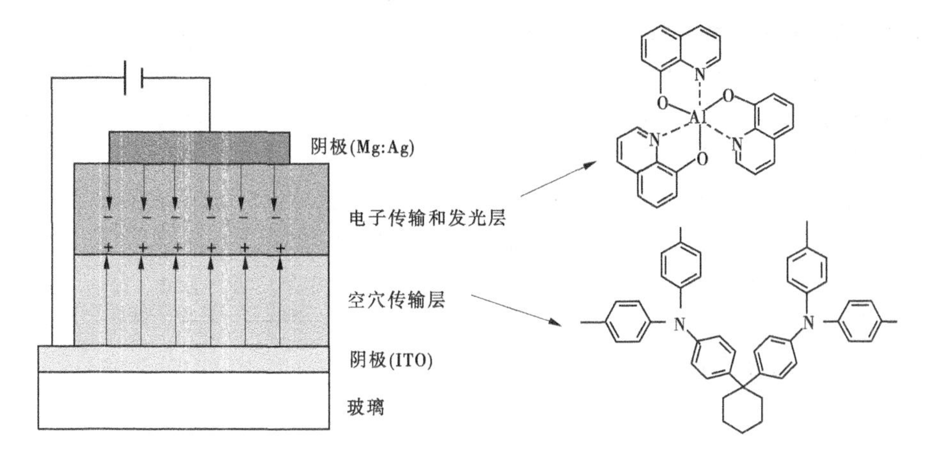

图 2-1 "三明治"结构

高色纯度、高效率的三基色发光材料都必不可少。而在有机电致发光材料中，最为重要的还属蓝光材料的研发尤为重要，因为它不仅可以显示必需的蓝光，还能够使用转移能量的方法来获得绿光和红光。绿光、红光材料的研究相对成熟，性能已极大提高，产业化需求基本可以满足。理论研究发现，载流子传输效率增大会导致材料发光色纯度降低。相对与绿、红光而言，蓝光材料能隙更宽，因而很难研制出拥有低电压、高效率、高稳定性这些优点的蓝光器件。综上所述，由于材料自身因素及其不可避免的客观条件的制约，相对于绿光、红光材料来说，蓝光材料的研究难度还是更大的，进展缓慢也在情理之中。

2.1.2 有机电致发光材料

与蒽不同，苯并咪唑类在发光材料方向的研究进展相当迅速。在众多有机电致发光材料中，苯并咪唑及其衍生物是运用最多最成熟的材料之一，苯并咪唑及其衍生物作为发光材料优点众多，如较高的发光效率、优良的载流子传输性能等；蒽类发光材料由于有较大共轭平面结构，有高的发光效率和较好的载流子传输性能，是一种非常有价值的发光材料，下面对两类发光材料做下介绍。

2.1.2.1 基于苯并咪唑的载流子传输材料

载流子传输包括空穴传输和电子传输，电子传输因其缺电子结构而有很强的电子传输能力，这类材料具有很强的成模性和较好的热稳定性，电子亲和力和电子迁移速率都比较好，最典型的苯并咪唑类物质为 TPBI，其结构如图 2-2 所示。

2.1.2.2 基于苯并咪唑的发光材料

苯并咪唑及其衍生物有丰富的 π 电子，在紫外可见光区有强烈的蓝光吸收峰，其金属配合物稳定性强，有良好的发光性质，在光电功能领域有着重要应用。苯并咪唑及其衍生物见图 2-3(a)，有强的斯托克斯位移的特征发射，因此在激光染料及荧光探针等方面有重大应用前景；图 2-3(b)、(c)为苯并咪唑与锌的金属配合物，有优异的光致发光性能，在生物探针及发光材料领域有重大应用。

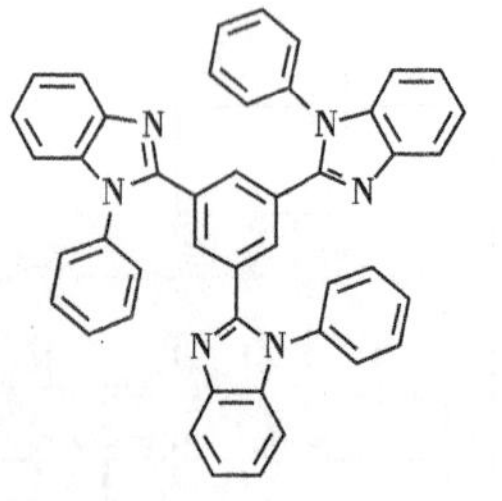

TPBI

图 2-2 载流子传输材料

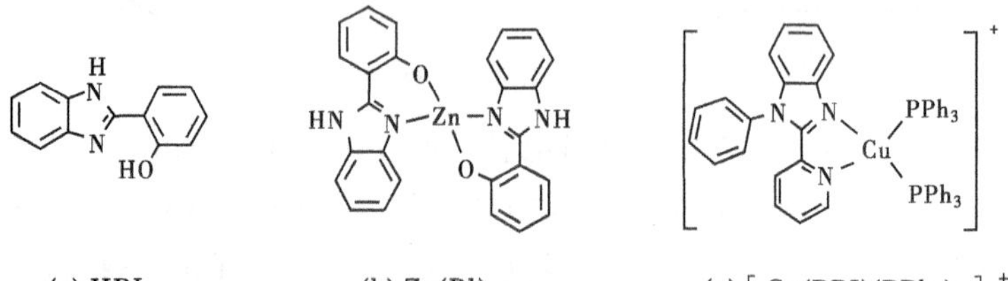

(a) HBI　　(b) $Zn(BI)_2$　　(c) $[Cu(PBI)(PPh_3)_2]^+$

图 2-3 苯并咪唑衍生物(一)

除了以上物质，拥有发光性能苯并咪唑的衍生物还有图 2-4 所示几种，它们都具有高的色纯度和高的发光效率。

在图 2-4 中，四种苯并咪唑的衍生物中都含有蒽官能团，苯并咪唑和蒽相连使其发光性能更加优越，蒽也是一种优秀的发光材料，有很大的应用价值，下面就简单介绍以下蒽及其衍生物。

从初期有机电致发光材料用单晶蒽发出蓝光，经过长时间研究，许多蓝光材料已陆续出现在人们的视野中。单晶蒽在 1963 年在有机电致发光材料上初次应用，但是由于蒽是平面型结构，使得蒽分子之间易聚集产生结晶，不易形成无定形膜，这严重降低了蒽在有机电致发光材料中的应用价值。但是，蒽具有较大的共轭平面，且分子化学修饰性强。此外，蒽分子中 9、10 位的化学活性较高，在其 9、10 位进行取代修饰，可以得到蒽衍生物，使蒽衍生物分子结构不再是平面型，同时具有较好的成膜性、良好的荧光效率、较高的稳定性和适当的载流子传输特性。研究表明，这类蒽衍生物在有机电致发光材料中的具有实际应用价值，有良好的应用前景。下面就已经取得应用的蒽衍物作简单介绍。

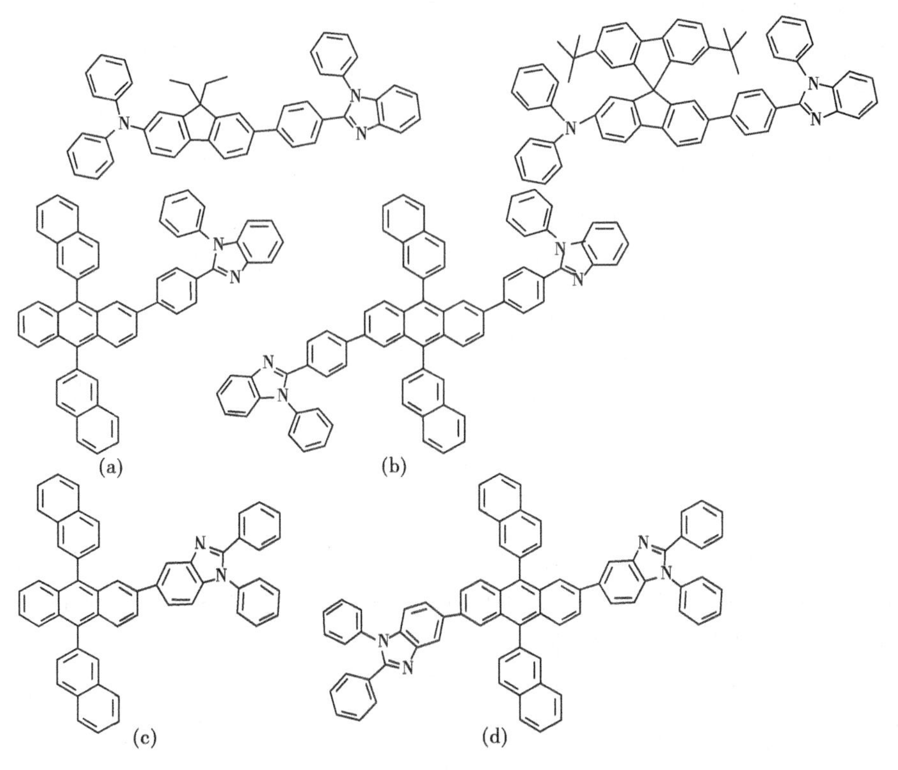

图 2-4　苯并咪唑衍生物(二)

蒽衍生物如图 2-5 所示:9,10 - 二苯基葱(DPA),成膜性很差，容易结晶，发光效率很差；9,10 - 2 - (2 - 萘基) - 蒽(ADN),成膜性差,稳定性差;

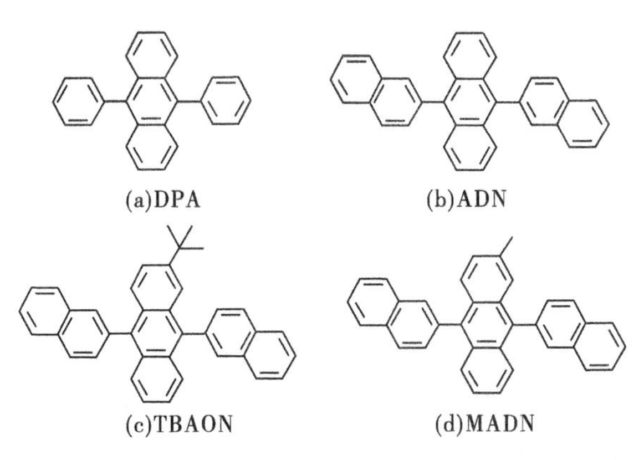

图 2-5　蒽衍生物

2－叔丁基－9,10－2－(2－蔡基升蒽(TBADN)),相对于 AND 性质有所改进,但降低了发光效率;TBADN 的 2 号位连接一个甲基就是 MADN,分子不易结晶。

2.1.3 苯并咪唑合成方法

苯并咪唑是一种杂环化合物,有 2 个氮原子和非中心对称结构,如图 2-6 在咪唑环上引入功能和结构各异的取代基能够形成不同的苯并咪唑衍生物。这类衍生物大部分具有广泛的生物活性、优良的光学性能及配位能力,在化工、航天、光电材料、生物科学、医药学等领域有广泛的应用。

在医药学方面,经过研究发现,苯并咪唑类衍生物具有抗菌、抵御寄生虫、降血压、镇痛、灭病毒等生物活性。目前,含苯并咪唑结构片段的药物在临床上的应用已有很多,如雷贝拉唑、奥苯达唑、阿司咪唑、坎地沙坦等。此外,苯并咪唑及其衍生物也可用来做催化剂,处理某些金属表面和制备某些新型的环氧树脂固化剂。此外,苯并咪唑衍生物毒性小且苯环上的氮原子因具有高活性,可以与一些官能团相连,如苯环等,制备一些发光性能更好的蓝光材料。

2.1.3.1 苯并咪唑及其衍生物简介

苯并咪唑包括苯环和咪唑环,见图 2-7,其是一种很重要的药物中间体,许多重要的药物合成都离不开它。苯并咪唑自身及其衍生物在各个行业有着重要的用途,尤其在医药、生物、工业方面是必不可少的。苯并咪唑衍生物可以是在苯环上取代得到的,也可以是在咪唑环上取代得到的,取代的位置不同,官能团不同得到的苯并咪唑衍生物的性质用途也有很大差别。

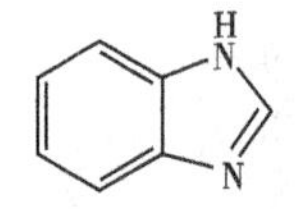

图 2-6 苯并咪唑结构式

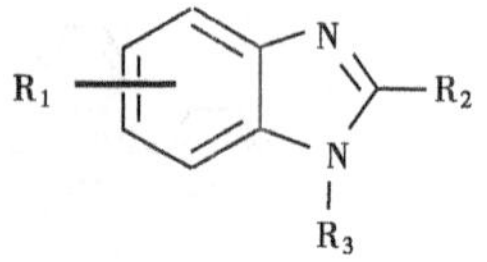

图 2-7 苯并咪唑衍生物

2.1.3.2 苯并咪唑及其衍生物合成方法

1. 邻苯二胺与醛的合成

这种方法很常用,一般状况下,此反应分为两个步骤:先缩合得到席夫碱中间体,然后席夫碱进行关环反应,最后氧化脱氢得到苯并咪唑及其衍生物。常见的氧化剂有硫代硫酸钠、DDQ、二氧化锰、二氧化硅、过硫酸氢钾等,氧化剂的存在使得反应的副产物增加,产率降低。后王军、李军舰等用氯化铵为催化剂，邻苯二胺和芳香醛为原料，氧化剂则使用分子氧这种绿色材料，改进了原来的反应。

NH_2 NH_2 + R CHO $\xrightarrow[MW]{Air/NH_4Cl}$ N N H R

王成林、穆星烨、王香善仍以邻苯二胺、芳醛为原料，但催化剂使用碘，在离子液体中反应生成苯并咪唑衍生物，产率高，反应温度低，是一种符合新时代发展观念的新型合成方法。

NH_2 NH_2 + 2ArCHO $\xrightarrow[[BMIM]BF_4]{I_2}$ N Ar N Ar

2. 邻苯二胺与羧酸及其衍生物的合成

邻苯二胺、羧酸或其衍生物为原料，加入浓盐酸，反应冷却后用氢氧化钠调酸碱度，浓盐酸的存在使反应后处理比较复杂，但这并不影响其产率。

NH_2 NH_2 + RCOOH ⟶ N R N H

3. 邻硝基苯胺和醛的合成

毛郑州等以邻硝基苯胺和醛为原料，碘化钾做催化剂，甲醇做溶剂，SnCl为还原剂合成苯并咪唑衍生物，反应温度低，成本低，易操作，产率高。

NH_2 NH_2 + RCHO $\xrightarrow[100\ ℃]{SnCl_2 \cdot 2H_2O/KI/HCl}$ H N N R

4. 其他新型的合成方法

邻苯二胺、1,3－二氯丙酮为原料，不适用溶剂和催化剂反应，反应时间短，条件温和，但产率不高。

邻苯二胺和芳基异硫氰酸酯反应，二环己基碳二亚胺做催化剂，甲醇做溶

R, NH_2, NO_2 + O, Cl, Cl —无溶液，无催化剂→ R_2, N, N, H

剂，在微波辐射的条件下反应，反应时间短，产率较高，后处理简单。

MeO-PEG-O, NO_2, F —R_1NH_2 / $CHCl_3$,MW,1 min→ MeO-PEG-O, NO_2, NH—R_1

5. 本书研究思路

以邻硝基二苯胺由于苯环的共轭效应而具有缺电子结构，是一种载流子传输材料，使其与芳醛反应可关环形成苯并咪唑衍生物。以邻硝基二苯胺和对溴苯对甲醛或对苯基苯甲醛为反应原料，硫代硫酸钠作氧化剂，即可得到。

NH, NO_2 + R, CHO —$Na_2S_2O_4/H_2O$→ N, N, R

蒽的反应采用铃木反应，在无氧条件下，由零价的钯配合物作为催化剂，芳香基或者烯基硼酸与卤芳化合物发生交叉偶联的反应。

$B(OH)_2$ + Br, I —$Pd(PPh_3)_4$/Ar / K_2CO_3→ Br

反应制得产品后，采用核磁共振氢谱和质谱对其结构进行分析确定，采用荧光光谱测定其发光效率，用紫外可见光谱测定其发光范围是否在蓝色发光区域内。

2.2 实验方案

本实验所用化学药品见表 2-1。

表 2-1　试剂规格及厂家

序号	名称	规格	生产厂家
1	2－硝基－2－苯胺	AR	萨恩化学技术(上海)有限公司
2	4－溴苯甲醛	AR	萨恩化学技术(上海)有限公司
3	连二亚硫酸钠	AR	萨恩化学技术(上海)有限公司
4	对苯基苯甲醛	AR	萨恩化学技术(上海)有限公司
5	9－蒽硼酸	AR	萨恩化学技术(上海)有限公司
6	9－蒽硼酸	AR	郑州海阔光电材料有限公司
7	对溴碘苯	AR	萨恩化学技术(上海)有限公司
8	$Pd(PPh_3)_4$	AR	Adamas Reagent CO. Ltd
9	无水碳酸钾	GR	萨恩化学技术(上海)有限公司
10	2－(4－硼酸苯基)－2－苯基苯并咪唑	AR	郑州海阔光电材料有限公司
11	石油醚	AR	天津市风船化学试剂科技有限公司
12	二氯甲烷	AR	天津市风船化学试剂科技有限公司
13	无水乙醇	AR	天津市风船化学试剂科技有限公司
14	三氯甲烷	AR	天津市风船化学试剂科技有限公司
15	甲苯	AR	天津市风船化学试剂科技有限公司
16	丙酮	AR	天津市风船化学试剂科技有限公司
17	无水硫酸钠	AR	天津博迪化工股份有限公司
18	石英砂	AR	天津市科密欧化学试剂开发中心
19	柱层层析硅胶	AR	青岛海洋化工厂分厂

本实验所用主要仪器见表 2-2。

表 2-2　仪器规格及厂家

序号	名称	型号	厂家
1	循环水真空泵	SHZ－DⅢ	郑州予华仪器制造有限公司
2	电热恒温鼓风干燥箱	GZX－QF101－1－S	上海跃进医疗器械有限公司
3	电子天平	MP5002	上海舜宇恒平科学仪器有限公司
4	暗箱式紫外分析仪	ZF－20C	上海宝山顾村电光仪器厂
5	旋转蒸发仪	N－1100	上海爱朗仪器有限公司
6	真空泵	VAC－EX01	德国布鲁克公司
7	集热式恒温加热磁力搅拌器	DF－101S	河南省予华仪器有限公司

2.2.1 2－(4－溴苯)－1－苯基－1H－苯并咪唑的合成

2.2.1.1 反应方程式

反应方程式如下：

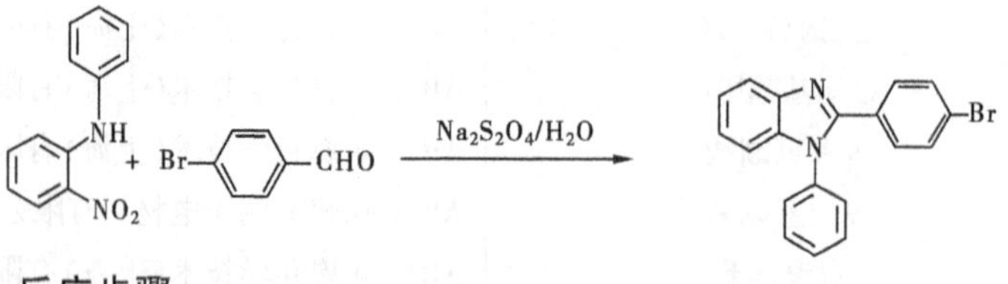

2.2.1.2 反应步骤

将0.1 g(0.004 7 mmol)2－硝基二苯胺和0.951 g(0.005 1 mmol)对溴苯甲醛加入到50 mL的三口圆底烧瓶中，再加入5 mL的无水乙醇，油浴50 ℃，使反应原料完全溶解，待温度稳定后，加入0.251 0 g(1.792 0 mmol)连二亚硫酸钠，并加入1 mL蒸馏水，将油浴温度调至80 ℃，磁力搅拌下回流5 h，待反应体系冷却后，将反应液倒入100 mL的冰水中，可以看到立即有大量白色固体析出，白色固体即为产品，静置20 min左右过滤得到粗产品，烘干后过硅胶柱，硅胶柱采用湿法填装，即称量10 g硅胶于烧杯中，加入石油醚：乙酸乙酯为4：1的展开剂，将硅胶完全浸湿后装入柱中，即为硅胶柱。过柱后得到的溶液用旋蒸分离器蒸干得到浅黄色片状固体0.837 0 g，产率为51.7%。反应量扩大10倍做2次，扩大50倍做5次。

2.2.2 2－(4－苯基苯)－1－苯基－1H－苯并咪唑的合成

2.2.2.1 反应方程式

反应方程式如下：

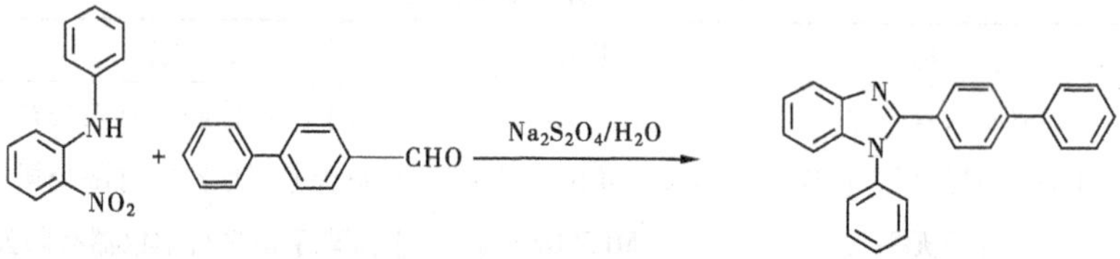

2.2.2.2 反应步骤

将5 g(23.34 mmol)2－硝基二苯胺和5.528 9 g(30.34 mmol)对苯基苯甲醛和250 mL的无水乙醇加入到500 mL的三口圆底烧瓶中，反应步骤与上述2.3节相同，连二亚硫酸钠用量为16.25 g(93.36 mmol)，蒸馏水50 mL，得到的精产品为白色片状固体，产率为45%。

2.2.3　中间体 9 - (4 - 溴苯基)蒽的合成

2.2.3.1　**反应方程式**

反应方程式如下：

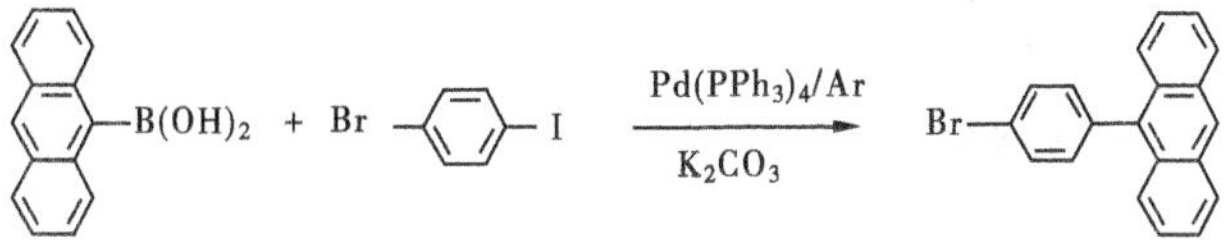

2.2.3.2　**反应步骤**

将 0.222 0 g(1 mmol)9 - 蒽硼酸、0.282 9 g(1 mmol)对溴碘苯、15 mL 甲苯、5 mL 乙醇、2.764 2 g(20 mmol)无水碳酸钾和 10 mL 蒸馏水放入 50 mL 的双口圆底烧瓶中，搅拌条件下通氩气，将空气完全赶走后，迅速添加 0.057 8 g (0.05 mmol) $Pd(PPh_3)_4$，然后密封好。开始加热，设定温度 80 ℃，反应回流 24 h，反应开始时，溶液为黄色，不搅拌情况下溶液分为两层，上层为黄色，下层为水相，无色。随着反应的进行，溶液颜色不断加深，反应 5 h 后溶液变为棕黄色，24 h 后反应停止时，溶液已变为棕黑色。反应液冷却前，冷凝水和氩气保持流通，待冷却后再关闭。将冷却的反应液过滤，滤去碳化的黑渣，过滤液旋干后过硅胶柱。硅胶采用干法填柱，利用真空泵将干硅胶抽实，硅胶上层装粗产品，粗产品上层填无水硫酸钠或石英砂。用纯石油醚做展开剂，加压泵加压过柱后将溶液旋干可得到精产品，精产品为浅青色粉末状固体，产率为 60%。

2.2.4　2 - (4 - (蒽 - 9 - 基)苯基) - 1 - 苯基 - 1H - 苯并[d]咪唑的合成

2.2.4.1　**反应方程式**

反应方程式如下：

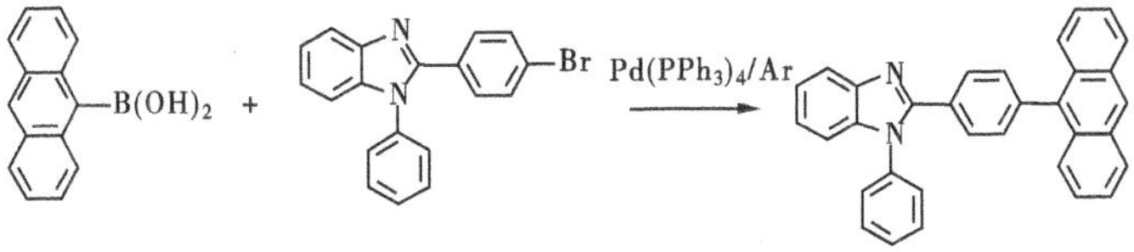

2.2.4.2　**反应步骤**

将 0.666 2 g(3 mmol)9 - 蒽硼酸、1.047 7 g(3 mmol)2 - (4 - 苯基苯) -

1 – 苯基 – 1H – 苯并咪唑 2. 764 2 g、15 mL 甲苯、5 mL 无水乙醇、10 mL 蒸馏水加入到 50 mL 的三口烧瓶中，反应步骤与 9 – (4 – 溴苯基)蒽的合成相同。$Pd(PPh_3)_4$用量为 0. 173 4 g(0. 15 mmol)。得到的粗产品为棕黄色粉末，过硅胶柱用纯二氯甲烷做展开剂，制得精产品为浅黄色粉末，产率为 60. 07%。

2.2.5　2 – (4 – (4 – (蒽 – 9 – 基)苯基)苯基) – 1 – 苯基 – 1H – 苯并[d]咪唑的合成

2.2.5.1　反应方程式

反应方程式如下：

N N B(OH)$_2$ + Br $\xrightarrow[Ar]{Pd(PPh_3)_4/Ar}$ N N

2.2.5.2　反应步骤

将 0. 990 4 g(3 mmol)4 – (1 – 苯基 – 1H 苯并咪唑 – 2 – 基)苯硼酸、0. 951 4 g(3 mmol)9 – (4 – 溴苯基)蒽、2. 764 2 g 无水碳酸钾、15 mL 甲苯、5 mL 无水乙醇、10 mL 蒸馏水加入到 50 mL 的三口烧瓶中，反应步骤与 9 – (4 – 溴苯基)蒽的合成相同。$Pd(PPh_3)_4$用量为 0. 173 4 g。但反应时间有所改变，随着反应的进行，溶液颜色渐渐加深，但反应到 275 min 时突然有大量灰色沉淀生成，此时上层清液已为深褐色，反应生成的沉淀很有可能就是产品，当反应了 1 223 min，沉淀已为墨绿色，上层清液不存在，迅速取样，点板，发现有少量原料存在，继续反应至 1 303 min，再次取样，点板，发现原料点几乎不存在，此时停止反应。反应液冷却后倒入蒸馏水中，静置 20 min 后过滤，滤渣为产品，烘干后过硅胶柱。纯三氯甲烷做展开剂。上述所有药品经过提纯后，都经过核磁和质谱的测定，测定结果显示产品纯度较高，结构与目标产物相同，合成成功。

2.2.6　测试方案

以浓度为 1 μg/mL 蒽溶液做对比溶液，溶剂使用无水乙醇。其他产品用二氯甲烷做溶剂，配置 1×10^{-5}mol/L 溶液。

2.2.6.1　仪器及设备

核磁共振仪：布鲁克 400M，型号：AVANCE Ⅲ HD。

液质联用谱：热电 LCQ - Fleet。

紫外分光光度计：UV - 3600。

荧光光谱仪：安捷伦 Cary - Eclipse。

2.2.6.2 **测试方法**

核磁共振谱仪主要用来表征 1HNMR 和 13CNMR，所测试样品为氘代氯仿或者氘代 DMSO 溶液装入核磁管进行测试。

质谱用来测试分子量，甲醇作为溶剂溶解样品后进行测试。紫外吸收测试为样品溶液和固体样品及其薄膜，溶液浓度 1×10^{-5}mol/L 的溶液，荧光测试主要测试样品溶液。

发光效率的测试用的是间接比较法，也就是利用已知标准物质与样品荧光光谱在同样条件下进行对比，经公式换算得到样品发光效率。

本书用 1 μg/mL 蒽的乙醇溶液作为标准物质，其效率为 0.29。将蒽的标准溶液的紫外吸收与样品的紫外吸收交点作为激发光谱，测试荧光光谱，经过荧光光谱图的积分面积对比，得到样品的发光效率。

2.3 实验及结果分析

2.3.1 合成过程分析

用 1、2、3、4、5 分别代表 2 -（4 - 溴苯）- 1 - 苯基 - 1H - 苯并咪唑、2 -（4 - 苯基苯）- 1 - 苯基 - 1H - 苯并咪唑、中间体 9 -（4 - 溴苯基）蒽、2 -（4 -（蒽 - 9 - 基）苯基）- 1 - 苯基 - 1H - 苯并[d]咪唑、2 -（4 -（4 -（蒽 - 9 - 基）苯基）苯基）- 1 - 苯基 - 1H - 苯并[d]咪唑。

本书中，1 和 2 的合成都是一步合成的反应，操作步骤简单，反应温度较低，反应时间不长，后处理简单，产率较高。在最优条件下成功地合成了 1、2 两种产品，且粗产品只含有一个杂质点，在测量两种物质的极性差别时，发现在石油醚与乙酸乙酯比值为 4∶1的溶剂中，杂质点为不动点，产品点极性与杂质点相差较大，于是用石油醚与乙酸乙酯比值为 4∶1的溶剂作为展开剂，但在扩大反应时，过硅胶柱得到的产品中发现仍有少量的杂质存在，这是因为产品较多，在后面的过柱过程中展开剂将杂质也冲了下来。

制取 3 的反应做了 4 次。但由于前 2 次与后 2 次所用的 9 - 蒽硼酸生产厂家不同，反应现象也不同。前两次反应所用 9 - 恩硼酸由萨恩化学技术（上海）有限公司生产，为浅墨绿色蓬松固体，在反应过程中，反应液颜色加深程度较重,至反应停止时,反应液已为黑色或棕黑色,产品杂质种类较多,分离较困难,但产品含量较多,产品颜色为浅黄色。后 2 次反应所用 9 - 蒽硼酸由郑州海阔光电材料有限公司生产,为浅黄色固体,紧密性较好,在反应过程中,反应液颜色加深程度较轻,至反应停止时,反应液为深黄色或棕黄色。产品杂质种类较好,分离较简单,但产品含量比前者少,产品颜色为浅青色。

制取 4 的反应是在 9 - 蒽硼酸与 1 为原料的条件下发生的,所以 1 的纯度就直接影响了反应得到的 4 的粗产品的纯度,由于 1 中含有少量杂质,所以 4 的粗产品中杂质种类数也增加了,这使得过柱操作更加麻烦。4 和 3 相比,极性差别较大,所以 4 的过硅胶柱时间较短。

由于 5 的分子结构与 4 相比多了一个苯环,这直接导致了 5 的溶解度大幅度降低,反应结束时,5 全部析出,这使得 5 的后处理过程比 4 更加简单,不需要旋蒸直接过滤就可以得到粗产品,由于用氯仿做展开剂,过硅胶柱时间和 4 差不多,所以总的来说 5 的反应操作比 4 更加简单。

总体来看,本次实验的所有反应并不复杂,实验结果较好。

2.3.2 结构分析

结构分析通过核磁和质谱来实现,通过核磁氢谱或碳谱和质谱能准确确定实验得到的产品是否为目标产物。

2.3.2.1 核磁共振氢谱

所有产品的核磁共振氢谱如图 2-8 ~ 图 2-11、图 2-13 所示,由于图 2-11 不够清晰明了,所以做 2 - (4 - (蒽 - 9 - 基)苯基) - 1 - 苯基 - 1H - 苯并[d]咪唑的核磁共振碳谱如图 2-12 所示。

2.3.2.2 质谱

所有产品的质谱见图 2-14 ~ 图 2-16。

经过核磁和质谱的检测,所有的产品均为目标产物。

2.3.3 光学性能分析与讨论

光学性能分析通过紫外和荧光来实现,通过紫外可见吸收光谱和荧光光谱能确定目标产物的光学性能。

2.3.3.1 紫外可见吸收光谱

目标产物的紫外可见吸收光谱如图 2-17 所示。在所示紫外吸收光谱图中,可以看到 2 - (4 - 苯基苯) - 1 - 苯基 - 1H - 苯并咪唑和 2 - (4 - 苯基苯) - 1 - 苯基 - 1H - 苯并咪唑的主要吸收峰为 280 ~ 350 nm 的吸收峰,最大吸收

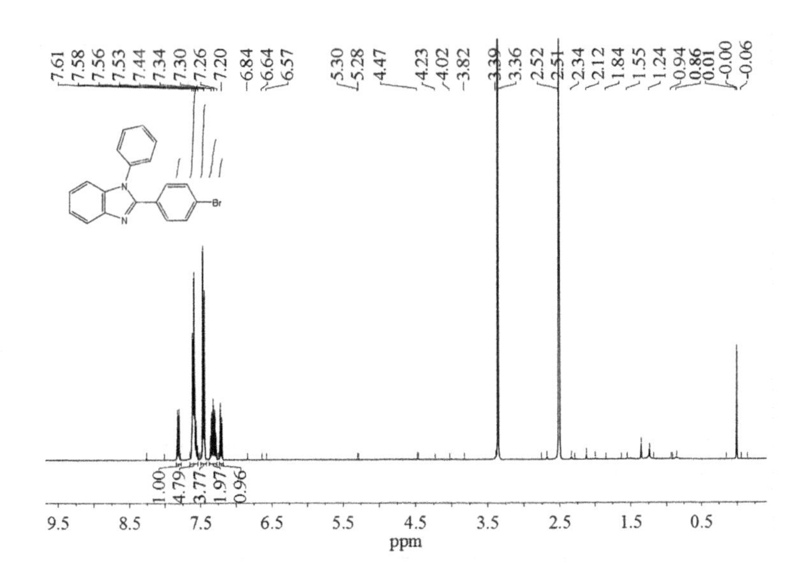

图 2-8　2 -（4 - 溴苯）- 1 - 苯基 - 1H - 苯并咪唑的核磁共振氢谱

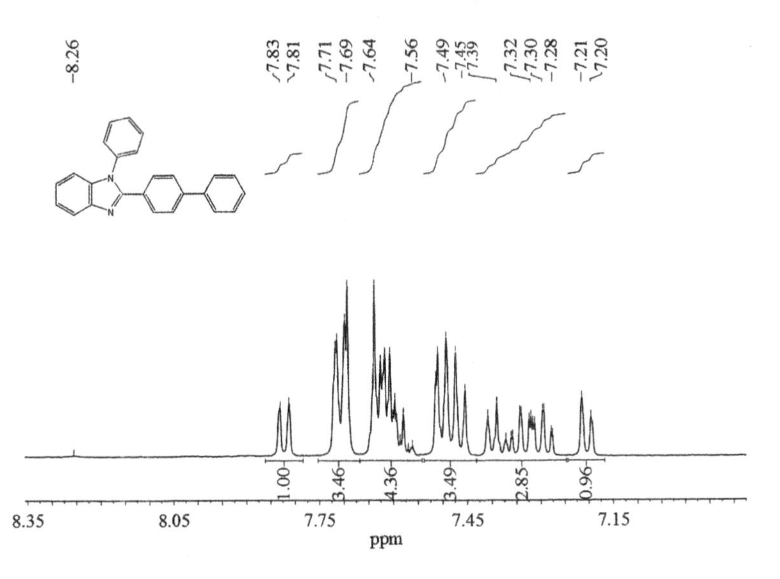

图 2-9　2 -（4 - 苯基苯）- 1 - 苯基 - 1H - 苯并咪唑核磁共振氢谱

都在 300 nm 左右，主要归属为苯并咪唑和其他苯环的 π - π 跃迁的吸收峰。

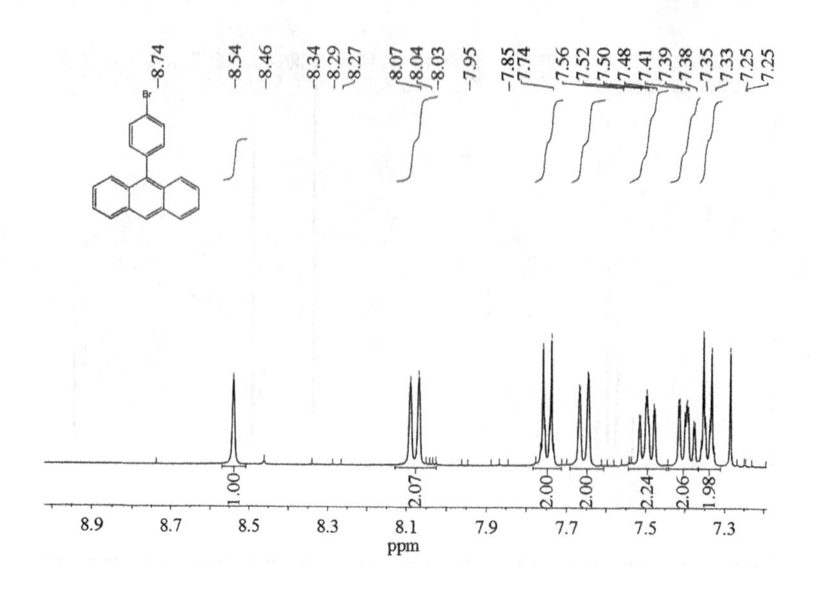

图 2-10　9 – (4 – 溴苯基)蒽的核磁共振氢谱

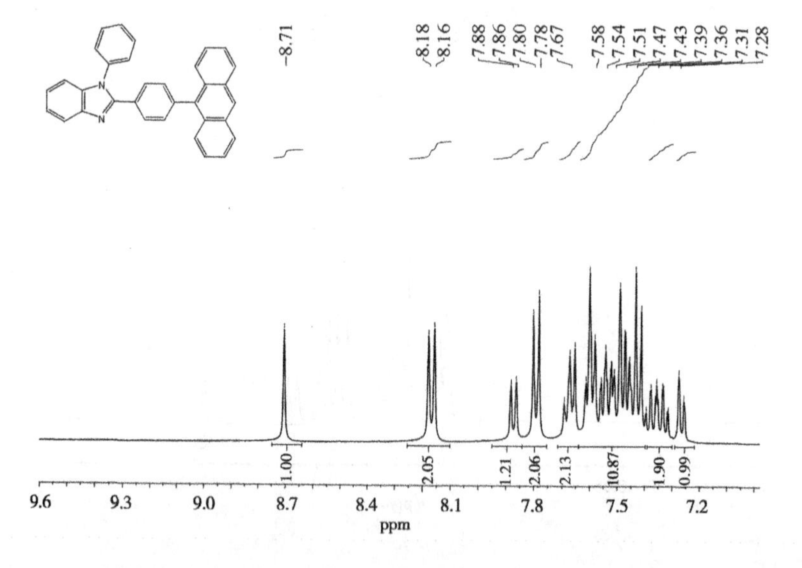

图 2-11　2 – (4 – (蒽 – 9 – 基)苯基) – 1 – 苯基 – 1H – 苯并[d]咪唑核磁共振氢谱

在苯并咪唑与蒽偶联之后,发现吸收峰开始变宽(见图 2-18),并且出现了一些精细结构的吸收峰,如 2 – (4 – (蒽 – 9 – 基)苯基) – 1 – 苯基 – 1H –

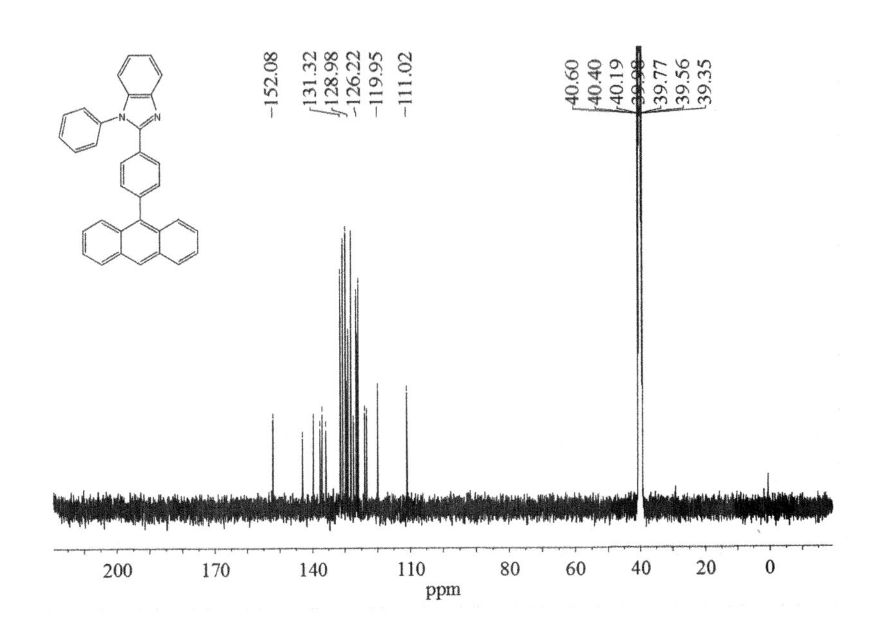

图 2-12　2－(4－(蒽－9－基)苯基)－1－苯基－1H－苯并[d]咪唑的核磁共振碳谱

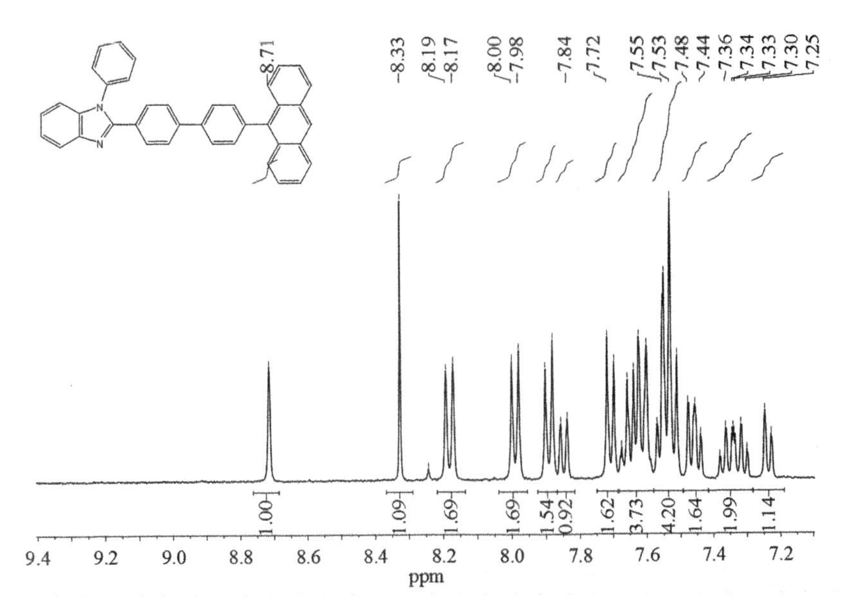

图 2-13　2－(4－(4－(蒽－9－基)苯基)苯基)－1－苯基－1H－苯并[d]咪唑核磁共振氢谱

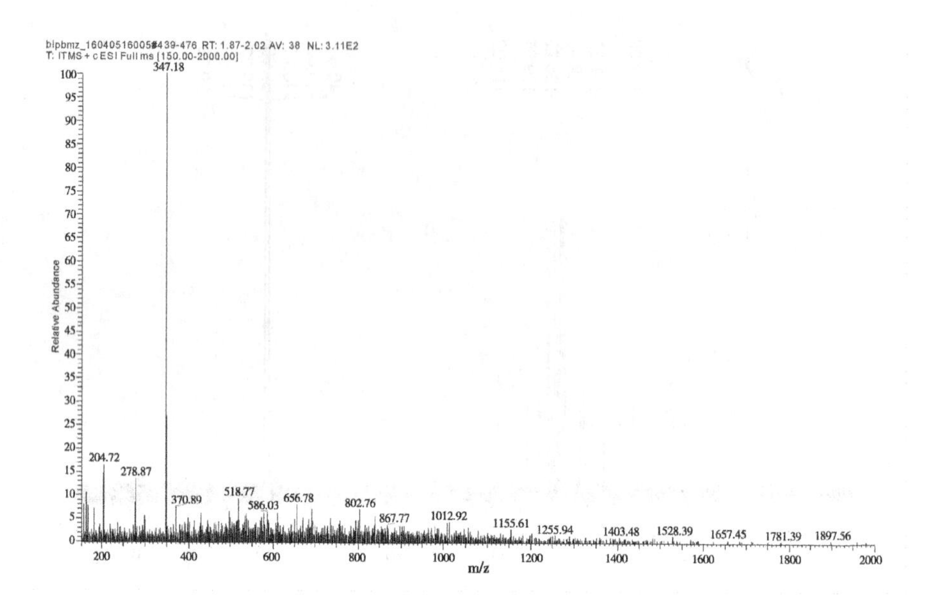

图 2-14　2－(4－苯基苯)－1－苯基－1H－苯并咪唑质谱

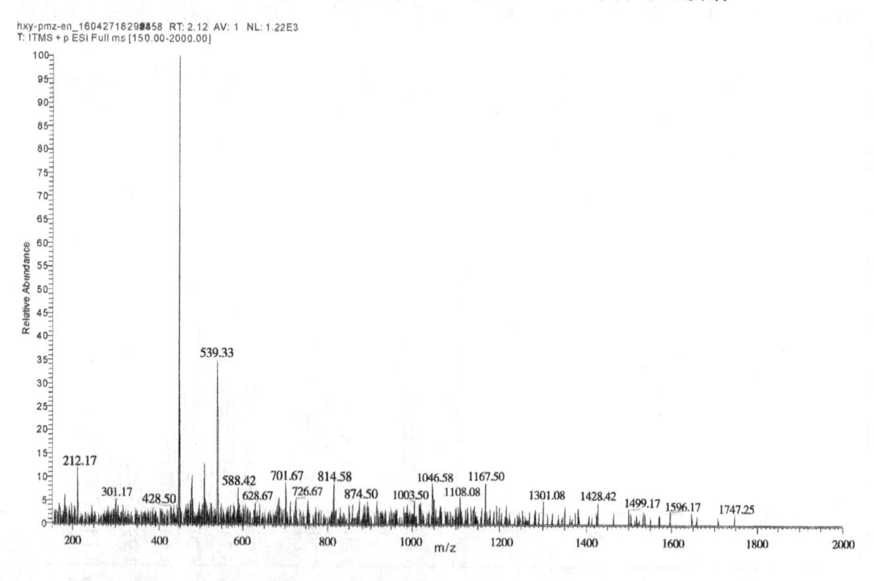

图 2-15　2－(4－(蒽－9－基)苯基)－1－苯基－1H－苯并[d]咪唑质谱

苯并[d]咪唑的吸收峰所示，除短波方向的 300 nm 左右的吸收峰外，350～400 nm 出现了锯齿状的三组吸收峰，这些吸收可以归属为蒽的吸收。

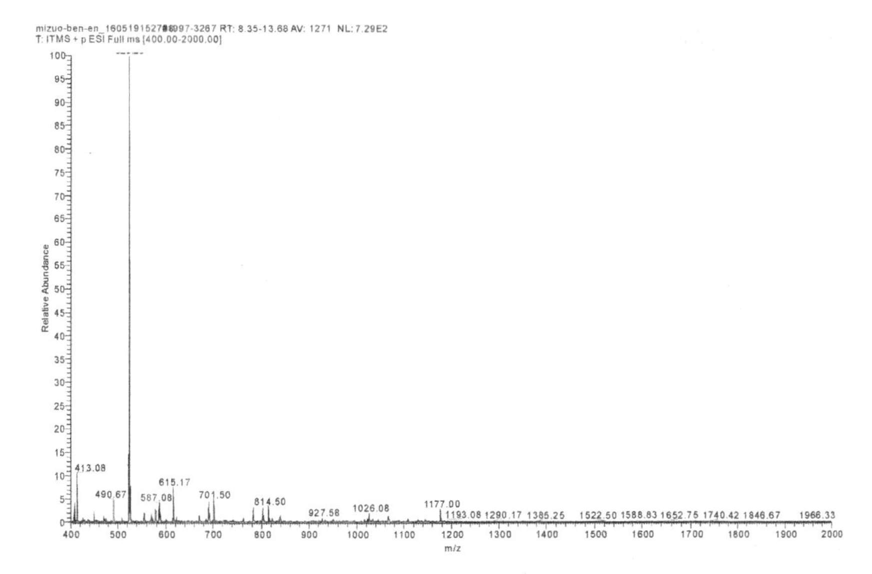

图 2-16　2－(4－(4－(蒽－9－基)苯基)苯基)－1－苯基－1H－苯并[d]咪唑质谱

2－(4－(4－(蒽－9－基)苯基)苯基)－1－苯基－1H－苯并[d]咪唑的紫外吸收较为类似，只是因为多了一个苯环的结构，导致苯并咪唑的吸收峰有红移变宽的现象，但是蒽的吸收峰没有位置的变化。

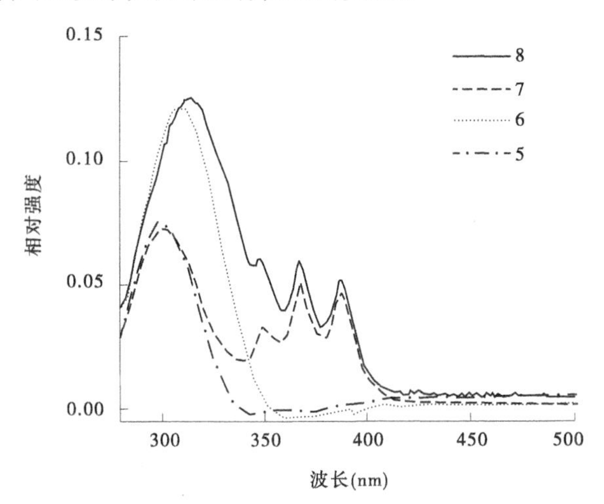

5—2－(4－溴苯)－1－苯基－1H－苯并咪唑；6—2－(4－苯基苯)－1－苯基－1H－苯并咪唑；
7—2－(4－(蒽－9－基)苯基)－1－苯基－1H－苯并[d]咪唑；
8—2－(4－(4－(蒽－9－基)苯基)苯基)－1－苯基－1H－苯并[d]咪唑

图 2-17　紫外吸收光谱

2.3.3.2 荧光光谱

在极稀的溶液中测定荧光光谱，本书测定使用的溶液浓度为 1×10^{-5} mol/L，极稀的溶液为了避免分子间作用力对发光的影响。产品的荧光光谱如图 2-18 所示。

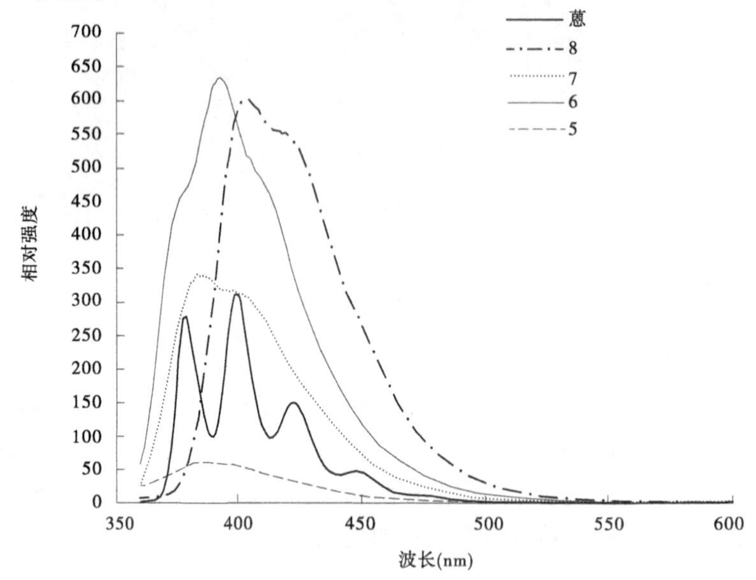

5—2－(4－溴苯)－1－苯基－1H－苯并咪唑;6—2－(4－苯基苯)－1－苯基－1H－苯并咪唑;
7—2－(4－(蒽－9－基)苯基)－1－苯基－1H－苯并[d]咪唑;
8—2－(4－(4－(蒽－9－基)苯基)苯基)－1－苯基－1H－苯并[d]咪唑

图 2-18 荧光光谱

第一个荧光图谱为没有取代蒽的苯并咪唑，可以看到发光范围位于 375 nm 左右，为紫光发光，发光效率较低，这可能与其有一个溴的取代基团有关，可能是重原子淬灭效应导致发光效率不高。

第二个光谱图为 2－(4－溴苯)－1－苯基－1H－苯并咪唑，共轭增加导致其荧光光谱红移至蓝光区域，其发光峰较宽，分别位于 42 nm 左右，同时还有一个 440 nm 的尖峰，该物质发光效率较高，达到了 1.0。

第三个光谱图与第四个光谱图都与第二个发光光谱类似，为较宽的蓝色发射，有一个主峰和肩峰的发光光谱。

由于产品 1 中含有卤原子，产生了重原子效应，导致发光效率低至 0.18。发光范围为 320～450 nm，发光性能较差。产品 2、4、5 的发光效率分别为 1.0、0.79、0.97。产品的发光范围都为 400～500 nm，属于蓝色发光区域，发深蓝光,发光性能较好。

2.4 结　论

有机电致发光材料由于其出色的光学性能已经得到人们的广泛关注,其中蓝色发光材料由于其带隙较宽所以研究难度较大,也因此研究得到的蓝光材料性能更加优越,其应用价值也会越高。本书通过对蓝光材料的研究得到以下结论:

(1)以对硝基二苯胺和芳醛为原料合成了两种苯并咪唑衍生物,实验表明在80 ℃油浴下反应5 h,其产率最高。实验过程操作简单,且合成的产物较纯,杂质的分离简单快捷。虽然两者的结构相似,但由于卤素的重原子淬灭效应导致两者的光学性能差异较大,卤素使得产品的光学性能下降。

(2)苯并咪唑和蒽的化合物发光效率最高,发蓝光性能优异,虽然咪唑环和蒽之间的苯环数目有所差异,但这对两者的光学性能造成的差异并不大。另外溶剂的不同也会导致光谱波长的差异。

参考文献

[1] Mi B X, Gao Z Q, Liao Z J, et al. Molecular hosts for triplet emitters in organic light - emitting diodes and the corresponding working principle[J]. Sci China Chem, 210, 53: 1679-1694.

[2] 李焱,马会强,王玉炉. 苯并咪唑及其衍生物合成与应用研究进展[J]. 有机化学, 2008, 34(02): 210-217.

[3] 杨春和, 唐爱伟, 滕枫. 二氮杂芴化学及其在有机光电器件中的应用[J]. 液晶和显示, 2013, (02): 179-187.

[4] 陈金鑫, 黄孝文. OLED 有机电致发光材料与器件[M]. 北京: 清华大学出版社, 2007.

[5] 黄春辉,李富友,黄维. 有机电致发光材料与器件导论[M]. 上海:复旦大学出版社,2005.

[6] 田禾,苏建华,孟凡顺,等. 功能性色素在高新技术中的应用[M]. 北京:化学工业出版社,2000.

[7] 王军, 李军舰, 初红涛, 等. 微波辐射下2 - 苯并咪唑的绿色合成[J]. 化工研究与应用, 2013, 25(3): 423-426.

[8] 穆星烨, 王成林, 王香善. 碘催化下1 - 苄基 - 2 - 芳基 - 1H - 苯并[d]咪唑衍生物

的合成[J]. 江苏师范大学学报(自然科学版), 2013, 30(3): 47-51.
[9] 瞿述, 彭景翠, 张高明,等. 功能层厚度和载流子迁移率对双层有机发光器件性能的影响[J]. 湖南大学学报,2005, 32: 90-94.
[10] 文利斌,李海华. 三苯胺及衍生物的合成方法综述[J]. 当代化工研究. 2005(11): 1-4.
[11] Tokito S, Tanaka H, Okada A, et al. High - temperature operation of an electroluminescent device fabricated using a novel triphenylamine derivative[J]. Appl Phys Lett, 1996, 69: 878-880.
[12] 吴国洪. 新型氮杂螺芴结构有机功能材料的合成与性能研究[D]. 上海:华东师范大学, 2011.
[13] 李景通. 基于咔唑,联苯,蒽的有机小分子半导体材料的合成与光电性能研究[D]. 山东: 山东理工大学, 2014.

第3章　基于三苯胺和蒽的发光材料

3.1　概　述

3.1.1　引　言

随着科技的发展,人们每天都会通过手机、电脑等接收大量的信息。显示器作为信息系统的输出端,已经成为现阶段人们改善信息质量的重点研究对象。随着人们的研究深入,液晶显示器(LED)已经取代传统的阴极射线管。近年来,人们发现有机电致发光二极管的性能更能满足当代人的需求,将极有可能掀起显示器世界的新篇章。

有机电致发光二极管(Organic - Light - Emitting Diode,OLED)是有机发光材料,在电流或电场作用下的发光二极管。根据发光材料的结构和性质,有机发光二极管大致可分为三类:①高分子材料大聚合物;②低分子小聚合物;③镧系等有机金属。与LED相比,OLED具有速度快、耐低温性能好、所需材料少、活性发光、发光转换率高的优点,可制成弯曲便携的便携式显示器。它们的基本原理是提高发光效率和稳定性。OLED发出的可见光可以是单色、白色、红色、绿色、蓝色、黄色、橙色等。全色通常采用三种方式:①在单色发光层和滤波器来实现彩色化;②多层发光材料形成使用红、绿、蓝三基色全彩显示屏;③蓝色发光材料的使用,再通过激发颜色转换材料而获得绿色和红色,从而实现全色显示。它们的组成有衬底、阴极、阳极、有机材料、发光层、电子传输层和空穴传输层。根据有机电致发光二极管的颜色,该结构主要有双层结构、三层结构、多层结构和掺杂结构。

目前,尽管OLED已经取得较大的进展,但是在实际生产中还有一些需要解决的问题。尤其是蓝色光的稳定性、效率与红光、绿光相比较低,存在更多的不足。因此,不断地开发出新的蓝色荧光材料,对于提高OLED的性能尤为重要。OLED的应用如图3-1所示。

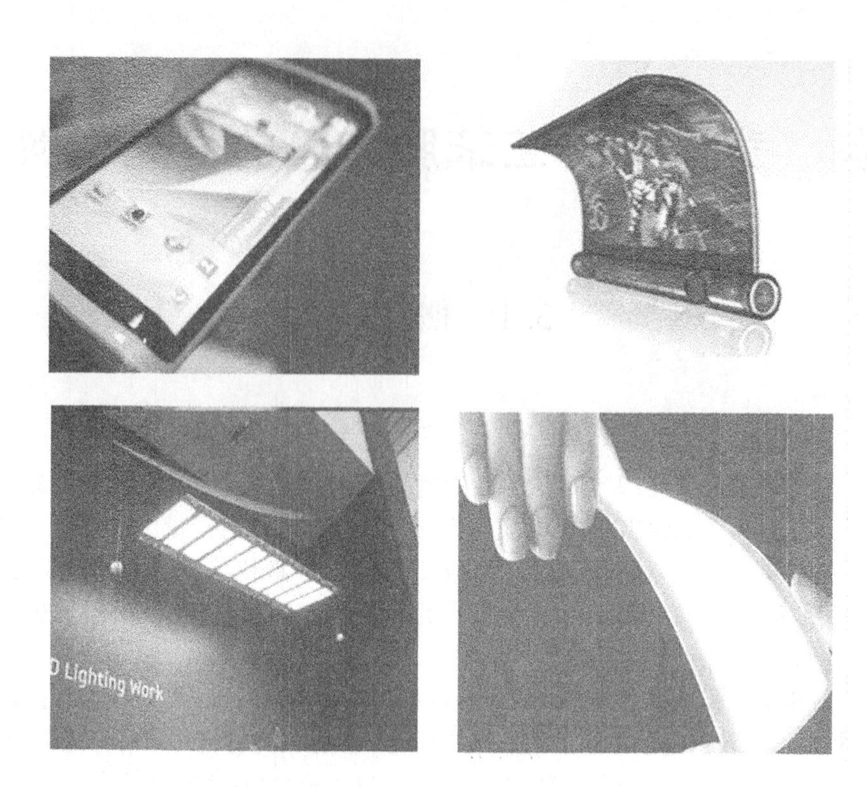

图 3-1　OLED 的应用

3.1.2　有机电致发光材料

有机电致发光与液晶显示器的发光原理相似。一个有机发光层夹在两个电极之间,当正极和负极的电子在材料中相遇时,它们会发光。发光层可以是适用于液体处理的大分子材料,也可以是适合真空蒸渡的小分子有机物。因为发光材料采用的是大部分落在可见光谱外的有机物质,所以可以产生高效率的光。

有机电致发光材料在全彩显示与白光照明中,红、蓝、绿三种原色的作用至关重要,与红光和绿光相比,蓝色光的研究由于自身因素(如材料能隙宽)以及其他不可避免的客观条件的影响,蓝色光材料的研究稍显缓慢。

在众多的蓝色发光材料中,三苯胺以其优异的性能而被大家所熟知。蒽作为最早被发现的蓝色荧光材料之一,常常通过引入不同的取代基合成新型的有机物来进行修饰,从而改变蒽自身发蓝光的性能。氮杂芴作为一种蓝色发光材料,以其优异的热稳定性以及比较高的荧光量子效率被大家所看好,与此同时,氮杂芴分子集团结构的特性可以通过在不同的碳位上修饰取代如蒽、三苯胺等衍生物,从而具有较好的可修饰性。

3.1.2.1 三苯胺类发光材料

三苯胺与其衍生物具备独特的自由基特性,其氮原子四周所连基团与其他相比更大,使得三苯胺基团自由基四周的张力得到消弭,三苯胺自由基消除周围张力增加三苯胺自身的稳定性,另外,比较大的空间位阻要素还不利于四周自由基产生化学反应,超共轭电子效应也会增加一些自由基的化学稳定性。这种独特的自由基使三苯胺与其衍生物具备较高的空穴迁移效应与良好的传输功能,因而被普遍地应用于光电材料与空穴传输材料。

三苯胺的合成一般采用亲核取代的乌尔曼(Ullmann)反应。亲核取代性强的以分子半径大的溴、碘较为突出,故一般选用溴苯或者碘代苯作为常见的亲核试剂。最初的乌尔曼反应一般以碘化铜或者碘化亚铜做催化剂,以碳酸盐或氢氧化物钠做碱,溶剂一般选择硝基苯,由芳胺与芳碘在一定条件下反应。该系统通常需要超过 200 ℃的温度,催化剂用量大,反应时间超过 30 h 确保以上的平均收益率,不适用于含有热敏基化合物的合成,并将在高温和碱性条件下这么长的时间生产更多的产品,产品分离困难,高成本、低效率。通过持续改进,人们发现在 115 ℃时,以甲苯为溶剂,CuI 为催化剂制备三苯胺最佳,合成效率能达到94%。国内学者通过进一步研究发现,铜催化下,选择 NaOH 为基础,以二甲苯为溶剂,16 ~ 18 h 反应,二苯胺和三碘苯反应合成苯胺的合成效率可以达到50%以上。

3.1.2.2 氮杂芴类发光材料

在许多有机发光材料中,芴因其具有较高的热稳定性、荧光量子效率等优点而成为一种很有前途的蓝色电致发光材料。因此,人们不断从其他角度对芴材料进行改性,得到具有特定功能的电致发光材料和器件。其中,氮杂芴以其良好的形貌稳定性、热稳定性、较高的发光效率而走进大家的视线。通过不断地增加其取代基,从而获得不同性能的发光材料。因此,氮杂芴的研究具有独特的科学价值与研究意义。

3.1.3 合成方法

3.1.3.1 乌尔曼反应

卤代芳香族化合物与 Cu 共热生成联芳类化合物的反应称乌尔曼反应,见图 3-2。

反应在 1901 年被德国化学家 Ullmann 首次报道。传统的乌尔曼反应需

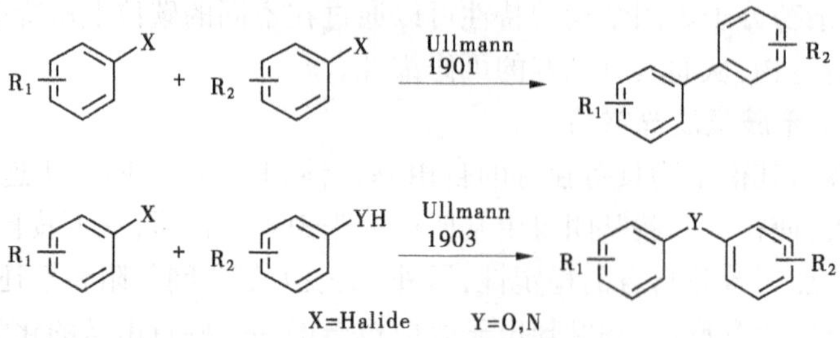

$$R_1\text{-}C_6H_4\text{-}X + R_2\text{-}C_6H_4\text{-}X \xrightarrow[1901]{Ullmann} R_1\text{-}C_6H_4\text{-}C_6H_4\text{-}R_2$$

$$R_1\text{-}C_6H_4\text{-}X + R_2\text{-}C_6H_4\text{-}YH \xrightarrow[1903]{Ullmann} R_1\text{-}C_6H_4\text{-}Y\text{-}C_6H_4\text{-}R_2$$

X=Halide　　Y=O,N

图 3-2　乌尔曼反应

要与铜在强碱性条件下且 200 ℃以上的温度经过较长的时间才能发生反应，并且反应效率不高，往往得不到广泛的应用；后来，科学家们发现用钯或镍做催化剂，反应更为简单，但是，由于钯和镍为贵金属，价格比较贵，生产成本比较大。

传统的乌尔曼反应的缺点：①反应体系温度过高；②反应时间大于 30 h，可保证产率适中；③不使用敏感基团的化合物；④对于有敏感基团的化合物则不能使用；⑤在如此长时间的高温、强碱条件下，容易发生许多副反应；⑥后期的产物难以分离，成本提高，效率降低。

Gauthier 等通过在反应体系中加入 18-冠－6－醚从而改良了传统的 Ullmann 反应，在添加了相转移催化剂 18-冠－6－醚之后的乌尔曼反应，产率有了很大程度的提高。但是 18-冠－6－醚的毒性大，对人体伤害较大。

1988 年，日本学者 Kazua KiS 等发表了用更加廉价的 PEG、PEGDM 做相转移催化剂的报道，从而代替了毒性大的 18-冠－6－醚。

后来，薛敏钊等将不同的冠醚类混合，作为乌尔曼反应的相转移催化剂。通过采用不同的芳胺类化合物与芳碘进行偶联反应，制备得到三苯胺衍生物。三苯胺衍生物的合成不仅在产率上已有显著提高，而且很大程度地减少了 18-冠－6－醚有毒物质的排放。基本可以高效、较低能耗地制备芳胺衍生物。

Nand Kumar 等设计了不同实验方案，它们通过采用不同的催化剂、碱、溶剂，并且对不同的反应结果进行了比对。最后得到最佳的实验条件为：以碘苯为原料，碘化亚铜为催化剂，甲苯作为溶剂，正丁醇钾作为碱液，温度为 115 ℃。这种条件下的反应产率可达到 93%。

随着对有机金属的研究，人们把重点放在了贵金属钯的催化效果上。Antonion Domenech 利用布赫瓦尔德－哈特维希反应，使用 $Cu(PPh_3)Br$ 做催化剂，用来制备三苯胺衍生物。钯是氧化活性中心的主组分，Cu 主要是使钯表面形成更多的活性位，从而减少副反应，更大程度地提高反应的选择性。但是后来人们认识到钯价格贵、毒性大的缺点后，又将研究重点放在铜做催化剂的乌尔曼反应，寻求低毒性、条件温和的反应方法依旧是研究目标。

3.1.3.2 铃木反应

在有机硼化合物与有机卤素化合物的钯催化偶联反应中，为碳－碳键化合物的一种常见而有效的合成提供了一种方法，称为铃木偶联反应，即铃木反应，见图3-3。

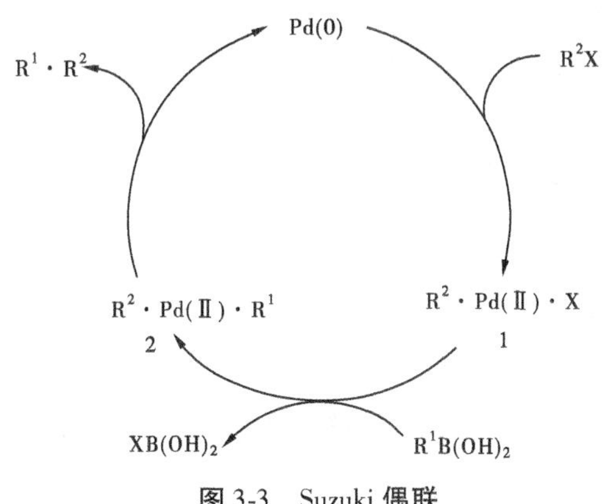

图3-3 Suzuki偶联

铃木偶联反应的催化循环通常被认为是第一个Pd(0)－钯氧化加成反应、卤代烃类Pd(Ⅱ)配合物1，然后发生和Pd硼酸金属转移反应的活化(Ⅱ)的2个配合物的还原反应，最终消除产品和Pd(0)。

该反应具有一些突出的优点：①反应对水不敏感；②允许多种活性官能团；③通常的区域选择性和立体选择性的反应，特别是这种反应的无机副产物是无毒的，容易去除，这使得它不仅适用于实验室，也可在工业生产中使用。其缺点是氯(尤其是空间位阻的氯化物)和硼酸的一些杂环反应难以进行。

目前，主要在以下几方面对铃木偶联反应的研究：①合成和筛选能催化卤代芳烃在温和的条件下(特别是芳基芳基氯)配体；②非均相催化体系铃木偶联反应；③合成新工艺的研究应用到铃木偶联反应。

铃木反应体系需要在完全无氧的环境中反应，但是需要水的参与。部分反应还需要添加具有高催化活性的配位体。它们的共同特点是：电负性比较强，并且空间位阻很大。电负性强的配体对氧化—加成反应比较有利，空间位阻大的配体对还原—消除反应比较有利。对于还原消除过程，有时会产生副产物，如掉卤素的产品。卤代物的活性顺序为 I > Br > Cl，卤素取代在此类反应中碘代物的活性最高，溴次之，氯代物有时需要更高活性的配体才能完成偶联反应。

3.1.4 实验方案

本书是基于三苯胺和氮杂芴的蓝色发光材料合成与性质探究，本次实验通过三苯胺、氮杂芴、蒽、芘及其衍生物的合成与偶联，最终合成出不同的产物，通过核磁共振氢谱与质谱检查其结构，通过用荧光光度计和紫外分光光度计比较它们的发光效率以及光学性能。在实验中，充分利用已有条件，不断改变反应温度与反应pH值，寻找更加温和有效的合成方法，探索新的合成手段，争取找到所需时间更短、反应产率更高的合成方法。下面是通过查找文献、参考资料之后，并根据以往积累的经验设计完成的合成方式。

实验原料为3,8-二溴-1,10-菲罗啉、9,10-二溴蒽、1,6-二溴芘、咔唑、9-蒽硼酸、浓硫酸、浓硝酸、溴化钾、氢氧化钠、蒸馏水，再进一步合成出三苯胺与咔唑得到最终产品。

3.2 实验部分

3.2.1 反应原料和试剂

本实验中所用到的原料和试剂如表3-1所示。

表3-1 主要原料和试剂

序号	药品及试剂	规格	厂家
1	1,6-二溴芘	AR	萨恩化学技术(上海)有限公司
2	9,10-二溴蒽	AR	萨恩化学技术(上海)有限公司
3	咔唑	AR	萨恩化学技术(上海)有限公司
4	9-蒽硼酸	AR	萨恩化学技术(上海)有限公司
5	氯氨T	AR	山东西亚化学工业有限公司
6	无水碳酸钾	GR	萨恩化学技术(上海)有限公司
7	四(三苯基膦)钯	AR	Adamas Reagent CO. Ltd
8	甲苯	AR	天津市风船化学试剂科技有限公司
9	丙酮	AR	天津市风船化学试剂科技有限公司
10	DMF	AR	天津市风船化学试剂科技有限公司

续表 3-1

序号	药品及试剂	规格	厂家
11	二氯甲烷	AR	天津市风船化学试剂科技有限公司
12	石油醚	AR	天津市风船化学试剂科技有限公司
13	无水乙醇	AR	天津市风船化学试剂科技有限公司
14	无水硫酸钠	AR	天津博迪化工股份有限公司
15	石英砂	AR	天津市科密欧化学试剂开发中心
16	柱层析硅胶	AR	青岛海洋化工厂分厂
17	3,8-二溴-1,10-菲罗啉	AR	萨恩化学技术(上海)有限公司
18	双联频钠醇基二硼酸脂	AR	萨恩化学技术(上海)有限公司

3.2.2 实验仪器

实验仪器规格及厂家如表 3-2 所示。

表 3-2 仪器规格及厂家

序号	名称	型号	厂家
1	循环水真空泵	SHZ-DⅢ	郑州予华仪器制造有限公司
2	电热恒温鼓风干燥箱	GZX-QF101-1-S	上海跃进医疗器械有限公司
3	电子天平	MP5002	上海恒平科学仪器有限公司
4	暗箱式紫外分析仪	ZF-20C	上海宝山顾村电光仪器厂
5	旋转蒸发仪	N-1100	上海爱朗仪器有限公司
6	真空泵	VAC-EX01	河南省予华仪器有限公司
7	集热式恒温加热磁力搅拌器	DF-101S	河南省予华仪器有限公司

3.2.3 实验步骤

3.2.3.1 2,7-二溴-9-芴酮的合成

反应过程如下：

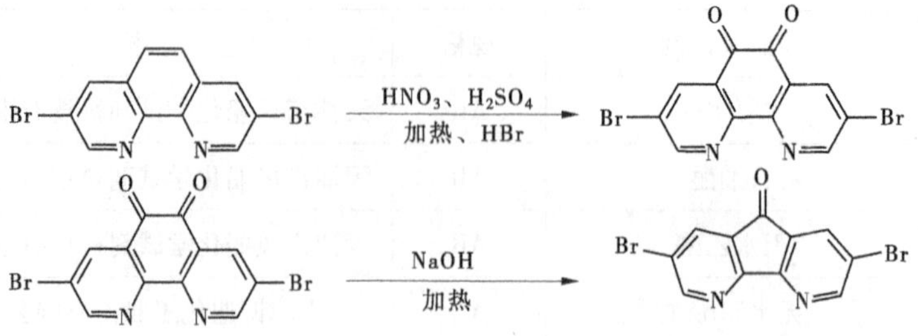

HNO_3、H_2SO_4 加热、HBr

NaOH 加热

实验步骤：用电子天平称取 3,8－二溴－1,10－菲罗啉 1.00 g(2.959 mmol)与过量溴化钾 0.425 g(3.571 mmol)，加入 50 mL 双口圆底烧瓶中，再加入浓硫酸 6.75 mL(125 mmol)、浓硝酸 3.40 mL(47.5 mmol)，加入磁子，双口瓶一端用冷凝管连接回流装置，另一端用瓶塞堵住，保持良好的密封性。维持油浴温度 90 ℃，转速 460 r/min，打开磁力搅拌器均匀加热 4 h，在反应温度为 70 ℃时出现大量溴气，用氢氧化钠溶液吸收，反应完成后，冷却至室温，加到盛有 600 mL 水的 1 000 mL 大烧杯中，颜色为黄色，缓慢搅拌加热的同时用 NaOH 中和至中性，再缓慢加入 NaOH 至 pH 值为 12，颜色由黄色变为墨绿色，用毛细管抽取少量液体，滴到硅胶板上，放入二氯甲烷与石油醚比值为 4∶1 的缓冲剂中，观察爬板位置，确定原料剩余，当原料剩余很少时，停止加热，趁热抽滤。残渣用二氯甲烷多次反复清洗，将液体用二氯甲烷萃取，取有机相，后加入无水硫酸钠干燥，静止 8 h，使水分充分吸收，液体清澈，干燥后用旋转蒸发仪旋干，得到黄色固体。

将所得固体经固体硅胶层析柱提纯，并将所得高纯度固体做核磁检测，结果显示所得固体为所需产品。

多次重复上述过程，制备大量原料。

3.2.3.2 2,7－二溴－9－氮杂芴酮与咔唑反应

反应过程如下：

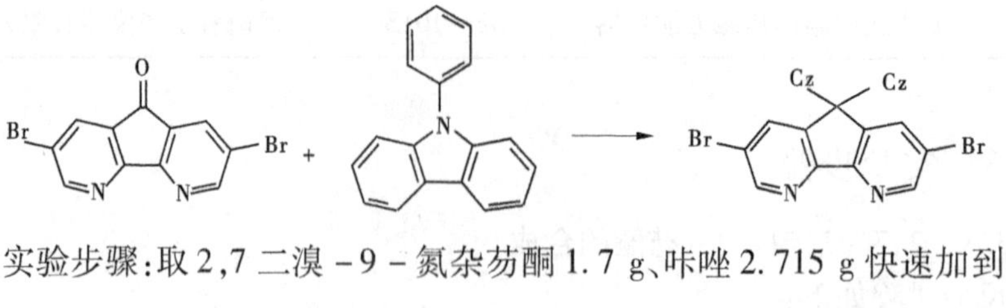

实验步骤：取 2,7 二溴－9－氮杂芴酮 1.7 g、咔唑 2.715 g 快速加到准备

好的三口烧瓶中，提前加入转子。将其固定，同时上端接上固定好的干燥冷凝管，一端连接尾气吸收装置，一端用橡胶塞密封。将装置搭建好后，多次抽真空，通入氩气赶走空气，20 min 以后开通回流水，加入 10 mL 二氯甲烷，保证反应在无水无氧的情况下进行。继续通入氩气，10 min 后用针管将伊顿试剂（催化剂）通过橡胶塞端口加入三口烧瓶中，打开集热式恒温加热磁力搅拌器开关，加热搅拌，温度控制在 100 ℃，转速 560 r/min，在温度为 80 ℃时停止通气，保持装置密封性。密封反应 2 h，反应结束后碳酸钾溶液洗净抽滤萃取旋转蒸发仪旋干。在电热恒温鼓风干燥箱干燥 3 h（60 ℃），得到产品。

3.2.3.3 联频钠醇基硼酸酯与 2,7－二溴 9 与 9－双咔唑氮杂芴偶联

反应过程如下：

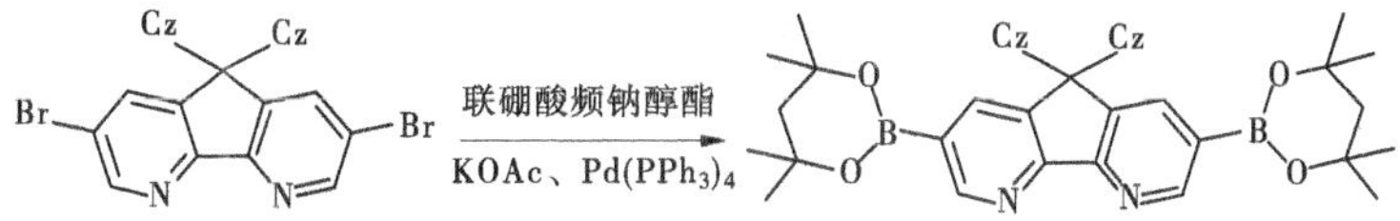

实验步骤：将三口瓶、回流冷凝管等实验装置在高温蒸发炉中烘干 20 min，称取 2,7－二溴 9,9－双咔唑氮杂芴 0.251 2 g、联硼酸频钠醇酯 0.326 7 g、无水醋酸钾 0.18 g，快速添加到装有磁子的干净的三口烧瓶中，固定装置，然后通氩气真空泵抽真空，连续多次，同时用吹风机热风吹三口烧瓶防止醋酸钾吸潮，20 min 之后加入 12 mL 二氧六环，打开回流装置，通着氩气加入 $Pd(PPh_3)_4$（四（三苯基磷）合钯）0.015 8 g，加热搅拌，温度控制在 80 ℃，转速 560 r/min，70 ℃时停止通气。充分反应 24 h，反应结束后冷却至室温，过滤，二氯甲烷合并有机相并用饱和氯化钠水溶液水洗 3 次，得到有机相用无水硫酸化钠干燥 3 h，然后旋干称量产品。

3.2.3.4 4－硼酸三苯胺与 9,10－二溴蒽偶联

反应过程如下：

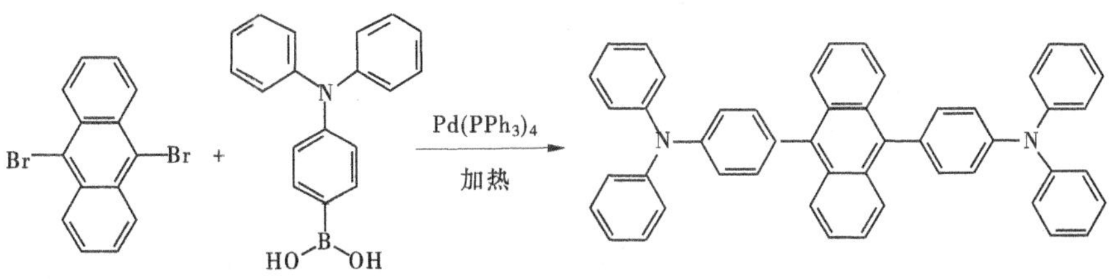

实验步骤：用电子天平称取 9,10－二溴蒽 1 g、4－硼酸三苯胺 0.860 5 g、

无水碳酸钾 0.276 g，放入装有磁子的干净的三口烧瓶中，固定装置后用真空泵抽真空，反复通入氩气，同时多次用热吹风机加热，20 min 后快速加入 10 mL 甲苯，3 mL 乙醇和 2 mL 水，同时加入 0.015 74 g 四(三苯基磷)合钯，同时开始加热，转速 460 r/min，等到温度稳定在 80 ℃时停止惰性气体通入，充分反应 24 h 之后用毛细管点层析硅胶板，观察反应情况。根据硅胶板上的显色光点判断所要产物。然后过滤旋干，依适合的极性进行过硅胶柱(极性是石油醚: 二氯甲烷 =10: 1)，再次旋干得到较纯产物。

3.2.3.5　4 - 硼酸三苯胺与 2,7 - 二溴 9,9 - 双咔唑氮杂芴的反应

反应过程如下：

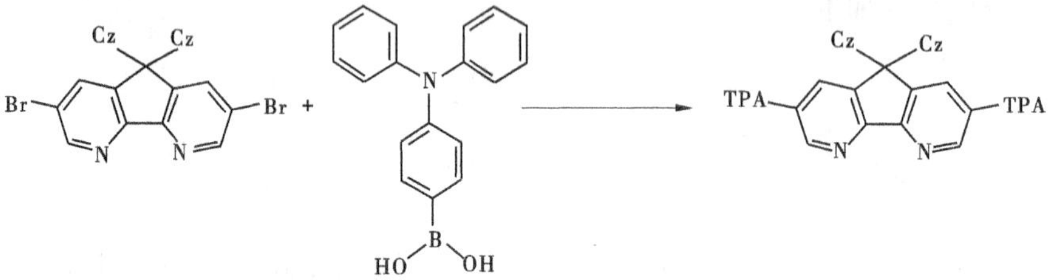

Br ... Br + (4-硼酸三苯胺, HO-B-OH) → TPA ... TPA (Cz, Cz, N, N)

实验步骤：将 50 mL 双口圆底烧瓶洗净干燥后放入温度为 70 ℃烘箱烘干 20 min，装入干净磁子，用电子天平称取 4 - 硼酸三苯胺 0.172 g、2,7 - 二溴 9,9 - 双咔唑氮杂芴 0.24 g、碳酸钾 0.276 g，放入烧瓶后碳酸钾固定装置通氩气 30 min，排除空气，之后快速加入 20 mL 甲苯、10 mL 乙醇、0.7 mL 水，同时加入 0.015 74 g 四(三苯基磷)合钯，维持温度 90 ℃，转速 650 r/min，温度加热到 80 ℃时停止通入氩气，充分反应 24 h 之后用毛细管去少量上层液体，滴在层析硅胶板上观察是否还有原料。将反应后液体加入 10 g 硅胶旋干，依照合适极性进行过硅胶柱提纯(极性为二氯甲烷: 丙酮 =40: 1)，再次旋干得到较纯产物。

3.2.3.6　4 - 硼酸三苯胺与 1,6 - 二溴芘偶联

反应过程如下：

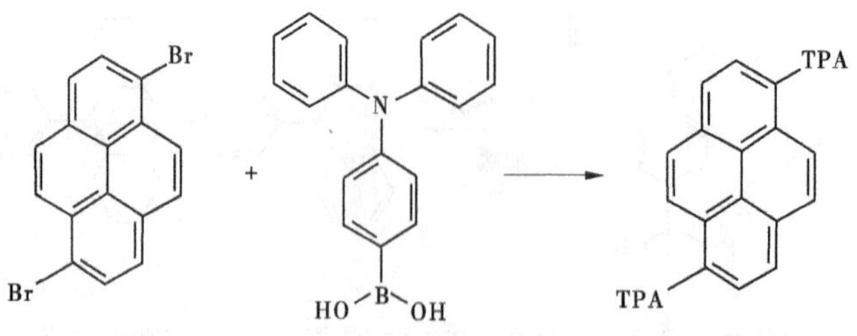

Br, Br + (N, HO-B-OH) → TPA, TPA

实验步骤:用电子天平称取1,6-二溴芘1 g、4-硼酸三苯胺0.860 5 g、无水碳酸钾0.276 g,放入装有磁子的干净的三口烧瓶中,固定装置后用真空泵抽真空,反复通入氩气20 min,之后快速加入10 mL甲苯、3 mL乙醇和0.5 mL水,同时加入0.015 74 g四(三苯基磷)合钯,同时开始加热,设定温度90 ℃,转速460 r/min,当温度稳定在80 ℃时停止惰性气体通入,充分反应24 h之后用毛细管点层析硅胶板,观察反应情况。根据硅胶板上的显色光点判断所要产物。过滤旋干,依适合的极性进行过硅胶柱(极性是石油醚∶二氯甲烷=10∶1),再次旋干得到较纯产物。

3.2.3.7 芘硼酸与2,7-二溴9,9-双咔唑氮杂芴的反应

反应过程如下:

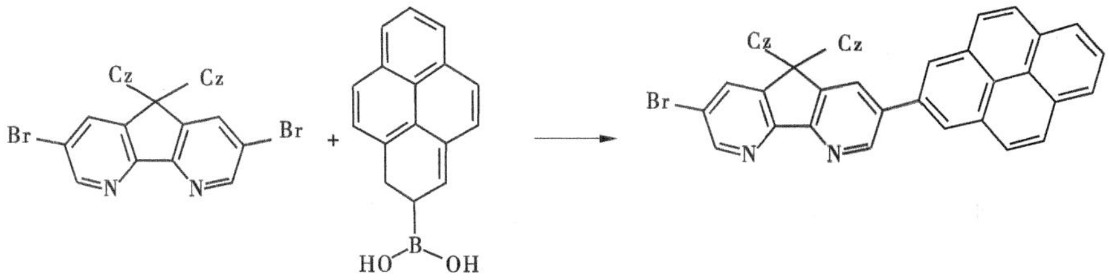

实验步骤:将50 mL双口圆底烧瓶洗净干燥后放入温度为70 ℃烘箱烘干20 min,装入干净磁子,用电子天平称取芘硼酸0.172 g,2,7-二溴-9,9-双咔唑氮杂芴0.24 g,碳酸钾0.276 g,放入烧瓶后碳酸钾固定装置通氩气30 min,排除空气,之后快速加入20 mL甲苯、10 mL乙醇、0.7 mL水,同时加入0.015 74 g四(三苯基磷)合钯,维持温度90 ℃,转速650 r/min,温度加热到80 ℃时停止通入氩气,充分反应24 h之后用毛细管去少量上层液体,滴在层析硅胶板上观察是否还有原料。将反应后液体加入10 g硅胶旋干,依照合适极性进行过硅胶柱提纯(极性为二氯甲烷∶丙酮=20∶1),再次旋干得到较纯产物。

3.2.4 结构表征及性能

3.2.4.1 仪器及型号

核磁共振谱仪:布鲁克400M,型号:AVANCE Ⅲ HD。

液质联用谱:热电LCQ-Fleet。

紫外分光光度计:UV-3600。

荧光光谱仪：安捷伦 Cary - Eclipse。

3.2.4.2 **结构表征方法**

通过核磁共振表征^{1}HNMR，所测试样品为氘代氯仿或者氘代 DMSO 溶液装入核磁管进行测试。

质谱测定分子量。甲醇做溶剂，产品溶解后，测其分子量。

通过这两种方法确定产物的分子结构。

3.2.4.3 **性质分析方法**

性质分析主要采用荧光光度计和紫外分光光度仪。紫外吸收测试为样品溶液和固体样品及其薄膜，溶液浓度 10^{-5} mol/L 的溶液。荧光测试主要测试样品溶液。

发光效率的测试用的是间接比较法，也就是利用已知标准物质与样品荧光光谱在同样条件下进行对比，经公式换算得到样品发光效率。所用公式为

$$\frac{\Phi_1}{\Phi_2} = \frac{n_1 F_1}{n_2 F_2} \times \frac{A_2}{A_1}$$

式中：下标 1，2 为样品和标准物质的发光效率；Φ 为物质的发光效率；n 为折射率；F 为发光光谱积分面积；A 为吸光度。

本书用 1 μg/mL 蒽的乙醇溶液作为标准物质，其效率为 0.29。将蒽的标准溶液的紫外吸收与样品的紫外吸收交点作为激发光谱，测试荧光光谱，经过荧光光谱图的积分面积对比，得到样品的发光效率。

3.3 实验及结果分析

3.3.1 实验过程分析

在 3，8 - 二溴菲罗啉的氧化过程中，先后实验了不同 pH 值的环境下，反应正向进行的效率，在酸性条件下，完全不氧化，即无任何产物产生；在中性时，开始有产物产出，但是同时伴随着大量的原料；随着 pH 值的增加，逐渐到 10 时，产物大量出现，但是随着温度的增加，仍然有部分原料不反应；在 pH 值为 12 时，随着温度的增加，基本上已经不出现原料，但是有部分产物会发生碳化，当 pH 值为 14 时，产物几乎全部碳化，整体颜色由墨绿色变黑，经过分液旋干后，无产物出现。

2，7 - 二溴 - 9 - 氮杂芴酮与咔唑反应需要无水无氧的反应条件，实验开始时，一定要检查实验装置的气密性，并且保证催化剂的质量问题。在最终的

产物中,除原料2,7-二溴-9-氮杂芴酮与咔唑外,还有催化剂与其他一些极性很差的物质析出。经过硅胶层析柱提纯之后,确定是溴与催化剂发生反应生成的复杂产物。

双联频欠醇基二硼酸酯与2,7-二溴-9,9-双咔唑氮杂芴偶联反应中,由于产物的极性太小,造成层析柱提纯时不容易提纯,后通过查阅资料,将相转移剂由二氧六环转换为甲苯,通过玻璃点样管来判断出反应的进行情况,当用玻璃点样管查出几乎无原料残留时,基本确定反应完全。

4-硼酸三苯胺与9,10-二溴蒽偶联的产物在玻璃点样管中显示出有4个点(展开剂为石油醚:二氯甲烷=10:1),去掉第一个和第四个原料点,第二个和第三个除产品以外,可能发生双取代反应。经过提纯确定第二个点为发生的双取代,第三个点为所得的产品。

3.3.2 实验结构分析

结构分析采用的是核磁共振和质谱的方法确定结构。

核磁共振谱仪主要用来表征^{1}HNMR,所测试样品为氘代氯仿或者氘代DMSO溶液装入核磁管进行测试,见图3-4~图3-7。

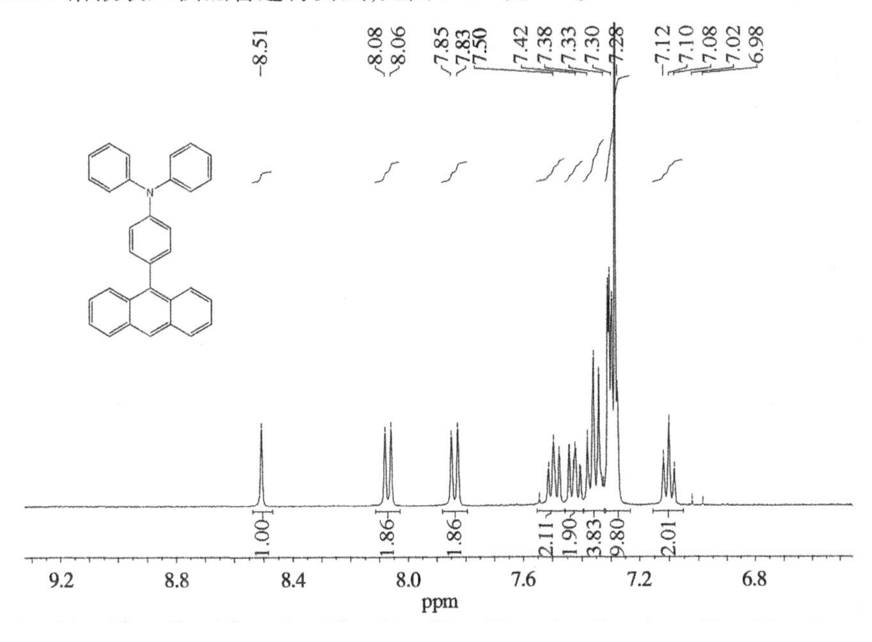

图3-4 三苯胺蒽核磁图谱

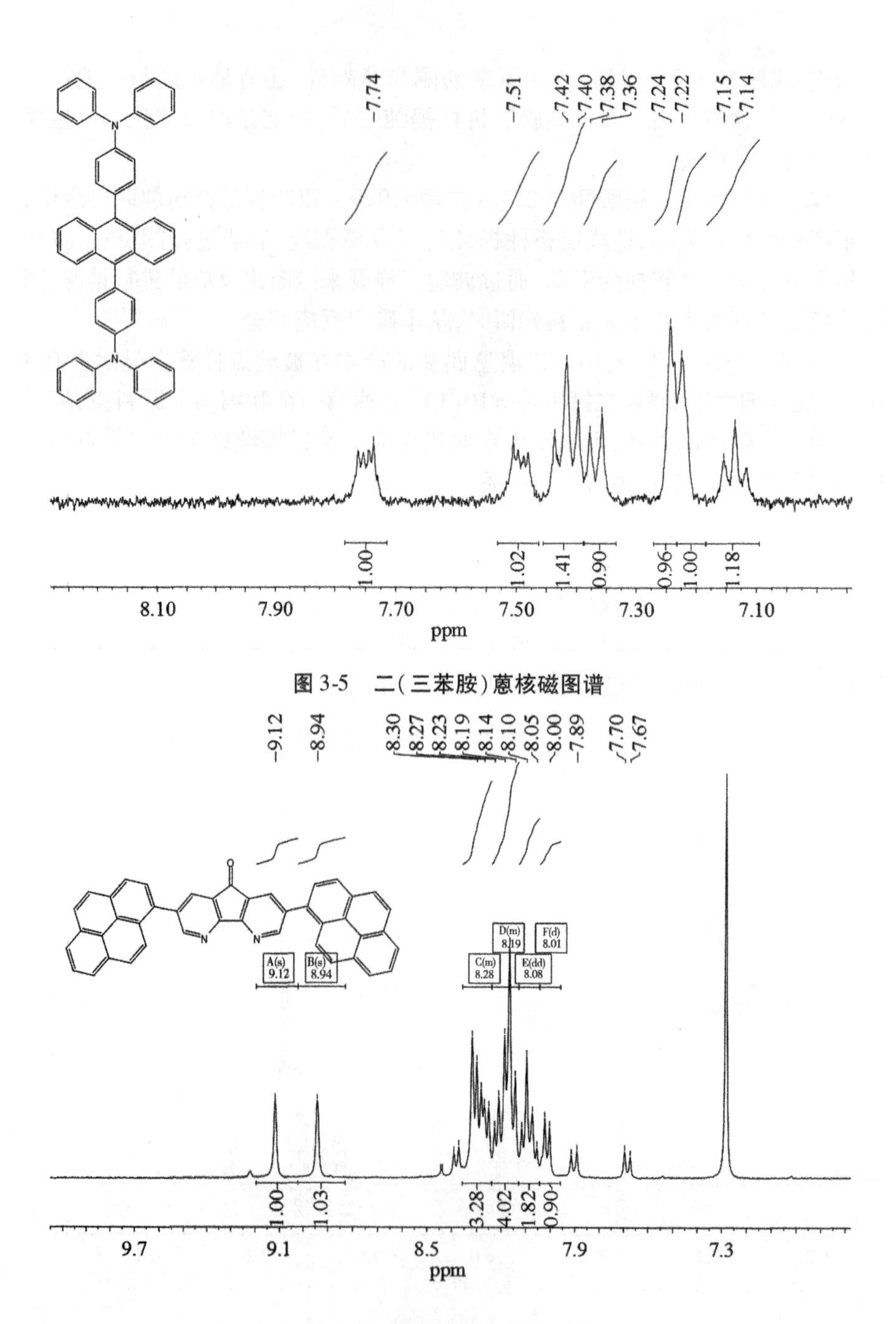

图 3-5　二(三苯胺)蒽核磁图谱

图 3-6　芘氮杂芴酮核磁图谱

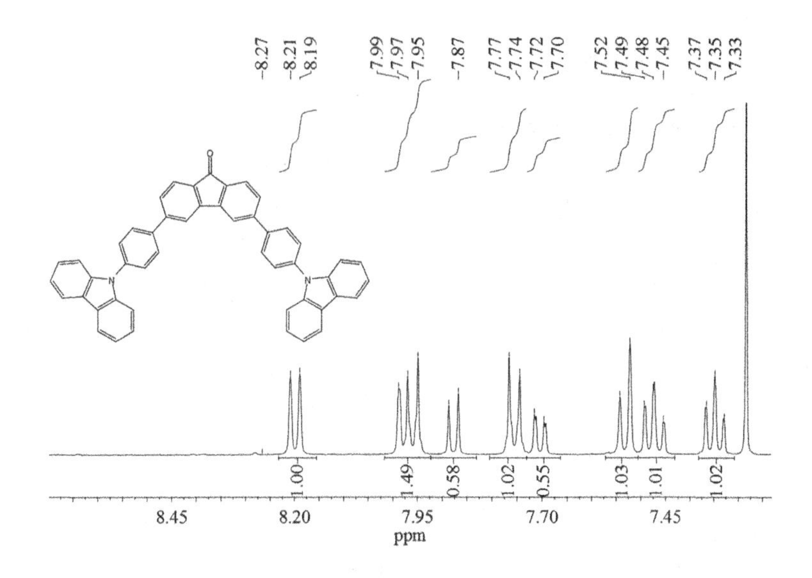

图 3-7　苯基咔唑氮杂芴核磁图谱

质谱用来测试分子量，甲醇作为溶剂溶解样品后进行测试，见图 3-8。由于只有三苯胺溴蒽微溶于甲醇，其他的产品在甲醇中均不溶，因此未测得分子量。

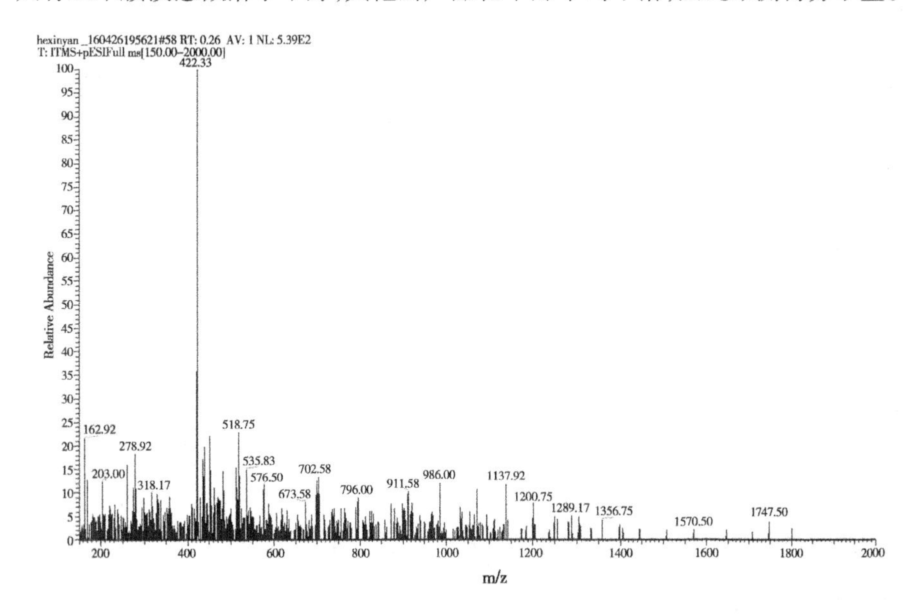

图 3-8　三苯胺蒽质谱图

3.3.3 光学性能分析

3.3.3.1 **紫外可见光吸收光谱**

由紫外吸收光谱图(见图 3-9)可看出两种三苯胺取代物的吸收范围为 230 ~450 nm，峰值分别为 260 nm、315 nm、400 nm 左右。三苯胺与蒽偶联的产物的吸收范围为 230 ~ 450 nm。再继续看蒽环官能团的吸收,位于左边的三个峰由高到低依次为:蒽 > 三苯胺蒽 > 双三苯胺双咔唑氮杂芴,可见三苯胺在短波方向吸收峰值最高。在 400 nm 以后,蒽与二咔唑氮杂芴无吸收波,双三苯胺双咔唑氮杂芴、三苯胺蒽可以看出仍有较大的吸收波长,故产物为发光效率比较理想的深蓝色荧光产物。

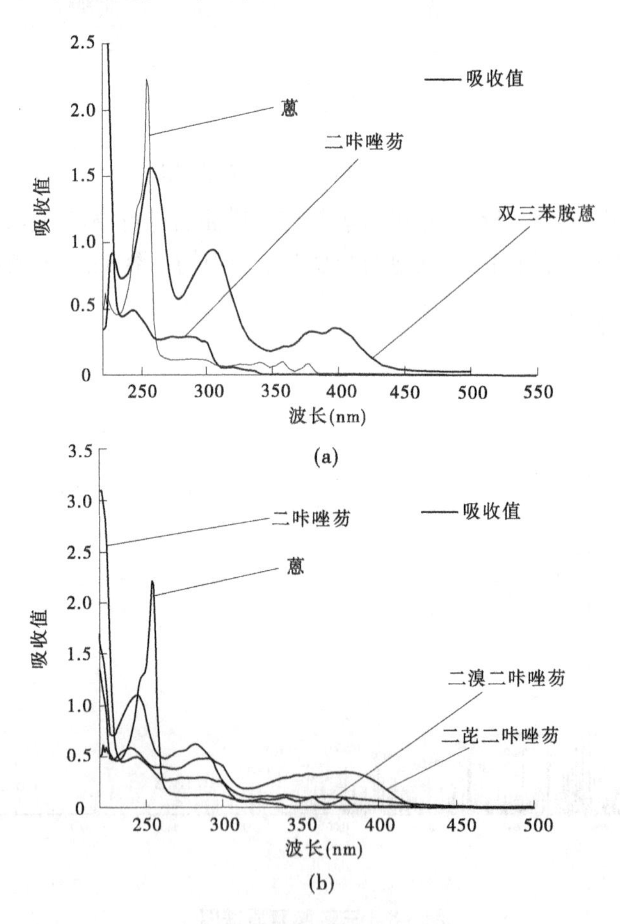

图 3-9 紫外可见吸收光谱图

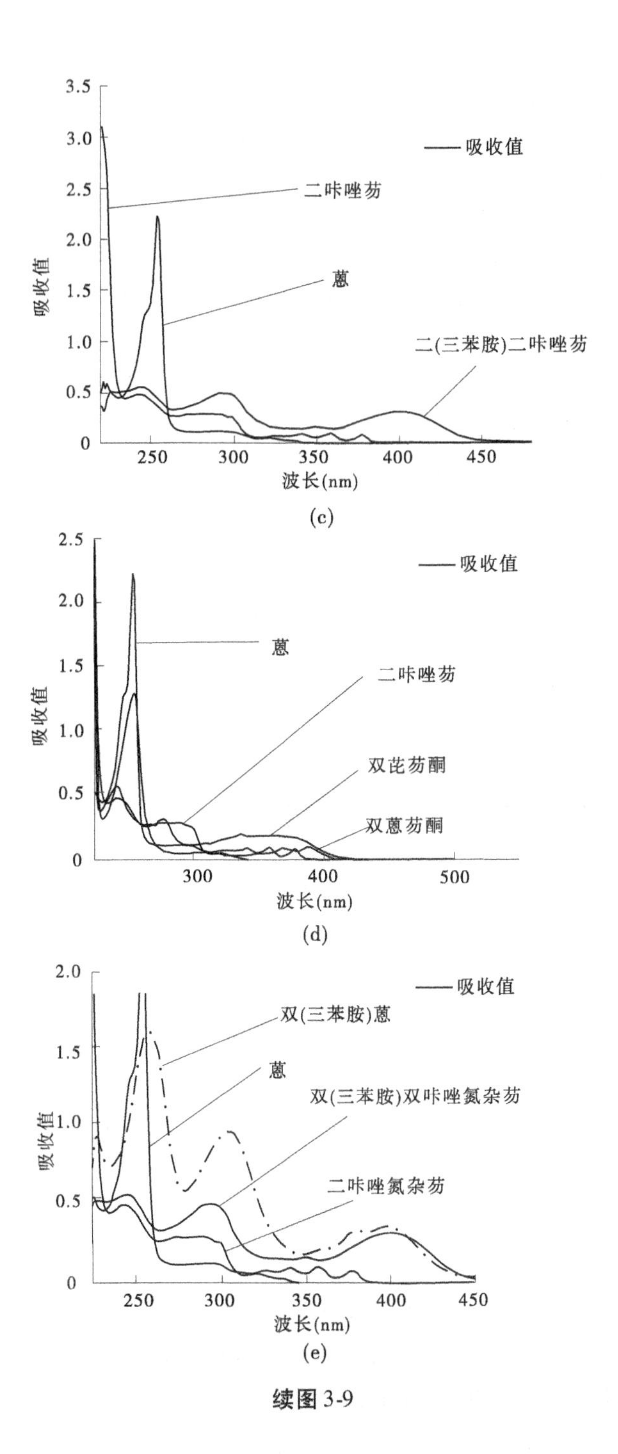

吸收值
二咔唑芴
蒽
二(三苯胺)二咔唑芴
波长(nm)
(c)
吸收值
蒽
二咔唑芴
双芘芴酮
双蒽芴酮
波长(nm)
(d)
吸收值
双(三苯胺)蒽
蒽
双(三苯胺)双咔唑氮杂芴
二咔唑氮杂芴
波长(nm)
(e)

续图 3-9

3.3.3.2 荧光光谱

在极稀的溶液中测定荧光光谱，本书测定使用的溶液浓度为 1×10^{-5} mol/L，极稀的溶液是为了避免分子间作用力对发光的影响。

由荧光光谱（见图3-10）可以看出两种三苯胺衍生物的发光范围为350～550 nm，峰值为470 nm左右，发光效率为2.40、1.90，主要发射蓝绿光。三苯胺与蒽偶联的产物的发光范围为350～550 nm，发射蓝绿光。将其与蒽的发光进行比较，可见峰值明显红移。所以，所得产物是发光效率高、性能优越的蓝光发光材料。

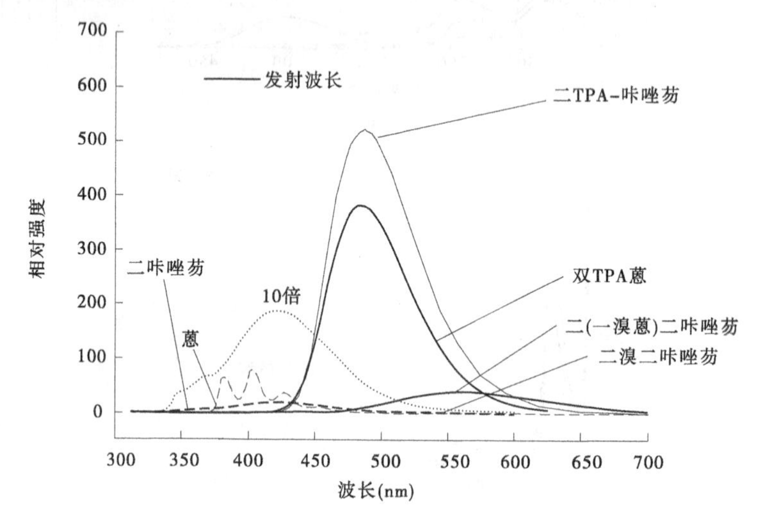

图3-10　荧光光谱图

3.4 结　论

对于有机电致发光来说，蓝光材料是制备显示或照明设备必不可少的材料之一，鉴于目前性能优秀的蓝光材料还不多，对于蓝色发光材料的设计和合成以及其性能的研究很有必要。所以，产物都经过核磁、质谱鉴定，并且对产物发光性能进行了测试，结果总结如下：

（1）本文主要通过铃木反应合成出一些优秀的蓝色发光材料，其中有2,7－二溴9,9－双咔唑氮杂芴、三苯胺蒽、三苯胺芘、2,7－双三苯胺双咔唑氮杂芴等产物。得到了提纯的目标产物，通过核磁和质谱的测定，所得结果与预想相符，证明所得产物结构正确。

(2)从产物的紫外可见光吸收来看,所得产物在 200 ~ 400 nm 都有较强特征吸收,其中三苯胺双取代的蒽和三苯胺取代的咔唑氮杂芴在紫外可见光区表现出特有的取代基的特征吸收,以及强给电子三苯胺取代基和弱电子受体氮杂芴环之间的电子转移吸收。

(3)从产物的荧光光谱可以看出,所得产物与未修饰的核心结构相比,都表现出较为强烈的蓝光吸收,其中,三苯胺双取代的蒽和三苯胺取代的咔唑氮杂芴发光性能优越,与标准物质蒽相比,其发光效率表现为增强的效果,发光效率分别为 0. 19 与 0. 24,这与合成策略和方向基本一致。

最终得到了三类蓝色发光材料,其中三苯胺双取代的蒽和三苯胺取代的咔唑氮杂芴都有不错的蓝色发光效果,可以成为潜在的蓝色发光材料用于发光的器件的制备。

参考文献

[1] 王娟. 有机蓝色荧光和磷光主体材料的制备及电致发光性能研究[D]. 山西: 中北大学, 2015.

[2] 常天海. OLED 应用技术的进展[J]. 真空与低温, 2008,14(2):115-118.

[3] 黄锦海. 基于蒽的有机电致发光材料的合成和性能研究[D]. 上海: 华东理工大学, 2011.

[4] Zhu M, Yang C. Blue fluorescent emitters: design tactics, applications in organic light - emitting diodes[J]. Chemical Society Reviews, 2013, 42: 4963-4976.

[5] 王春霞. 三苯胺类有机电致发光材料的合成与研究[D]. 南京: 南京理工大学, 2009.

[6] 文利斌, 李海华. 三苯胺及衍生物的合成方法综述[J]. 北京理工大学化工与环境学院, 2005, 11: 1-4.

[7] 韩立志, 王崇太. 三苯胺取代蒽衍生物的结构和光学性质[J]. 分子科学学报, 2013, 29(2): 1-6.

[8] Maindron T, Wang Y, Dodelet J. Highly electrolum inescent devices made with a conweniently synthesized triazole-triphrnylamine derivate[J]. Thin Solid Films, 2004, 466: 210-211.

[9] Elschner A, Bruder F, Heuer H W, et al. PEDT/PSS for efficient hole-injection in hybri organic light-emitting diodes[J]. Synth Metals, 2000, 111: 139-143.

[10] 张婷. 有机蓝色荧光材料和磷光主体材料的合成及电致发光性质研究[D]. 大连: 大连理工大学, 2012.

[11] 贾昊鑫. 基于蒽衍生物的蓝色发光材料性能、模拟及 OLED 器件研究[D]. 南京: 南

京邮电大学，2014.

[12] Tokito S, Tanaka H, Okada A, et al. High-temperature operation of an electroluminescent device fabricated using a novel triphenylamine derivative[J]. Applied Physics Letters, 1996, 69: 878-880.

[13] 刘志东，周雪琴.芳乙烯基三苯胺类电荷传输材料的合成与性能研究[J].绿色高新精细化工技术，2004:237-253.

[14] 肖立新，胡双元，孔胜，等.蓝色荧光小分子电致发光材料[J].光学学报，2010，30(7): 1895-1903.

[15] 贾昊鑫.基于蒽衍生物的蓝色发光材料性能、模拟及 OLED 器件研究[D].南京：南京邮电大学，2014.

第4章　基于咔唑和蒽的发光材料

4.1　概　述

4.1.1　引　言

随着人们生活水平的提高,人们对物质的需求也不断提升,更加舒适、便捷、快速、炫彩是人们对生活的期待,从而推动着科技的不断发展。最重要的是人们进入了信息高速发展阶段,信息的快速发展直接促进显示器件的发展,大街小巷、房内房外到处都是灯光闪烁。人们在信息交流方面几乎都在使用着发光器件,近年来无机半导体材料及器件虽然仍有市场,但更多的是有机发光二极管(OLED)成为人们的焦点话题,由于它具有自主发光、屏可弯曲、光色可以调接、工艺设备简易、视角比较宽、低廉的成本等优点,逐渐在发光器件市场占有主导地位,成为最新一代平板显示器件,如图4-1所示。

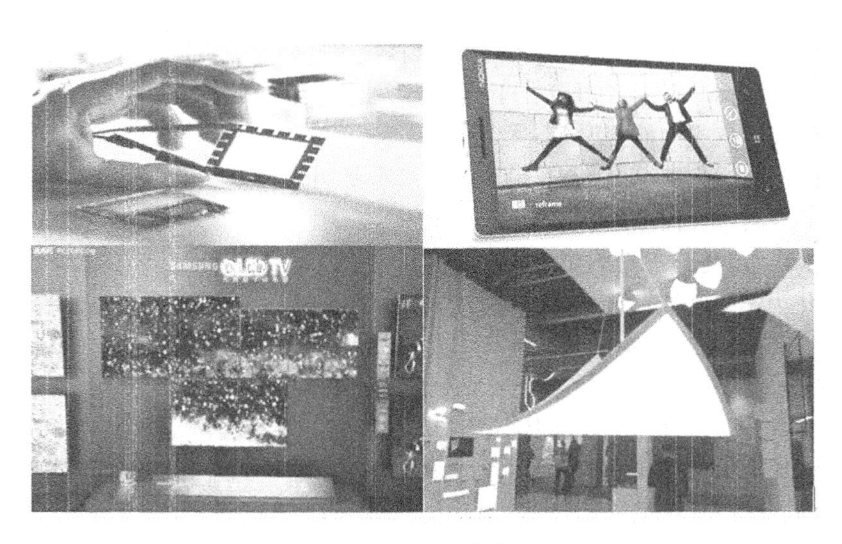

图4-1　OLED的应用

4.1.2 有机电致发光材料

有机电致发光材料被发现的最早时间 20 世纪 60 年代,首个被报道的有机电致发光材料是一种单晶蒽,但是当时驱动电压达到 400 V 时才能看到微弱亮度的蓝光,随着人们对有机电致发光材料的深入研究与实验,到目前人们已经研制出了高效能、高发光率的有机电致发光显示器件。工作电压也降到 10 V 以下就能发光。OLED 的器件结构通常是以类似“三明治”型结构,一般都是采用透明导电玻璃 ITO 当阳极器件,镀金属作为器件阴极,发光层都是用有机小分子或高分子发光材料,组成了类似“三明治”型结构。为了提高和更好地平衡载流子注入和运输的能力,空穴传输层、空穴注入层或者电子传输层、电子注入层等加入其中。而其工作的原理是在外电场的作用下,电子与空穴分别以相对的方向从阴极和阳极向中间的有机薄膜层注入;接着注入的电子从电子输送层向发光层迁移,空穴从空穴输送层向发光层迁移;当空穴和电子复合时会产生激子;然后激子在电场力的作用下将能量传递给了光子;最后激发态发光分子发生能级跃迁,释放能量(发光)。而就目前的结构与原理来看,有机发光层是研究的主要层面,有机电致发光材料是目前 OLED 最受青睐的组成部分之一,在 OLED 的性能方面具有很大的影响作用。OLED 需要的是全色彩的显示,所以人们对红、绿、蓝三基色的发光材料研究是不可或缺的。而在红、绿、蓝三基色里面,蓝色不仅仅很大程度降低能源的消耗,还可以通过掺杂系统引入其他基团形成绿、红发光材料,因此研究蓝色发光材料是十分重要的研究方向。目前,OLED 的蓝色电致发光材料在性能方面远远比不过红光或绿光的发光性能。因此,研究高效率、高稳定性的蓝光材料是 OLED 市场很重要的研究方向。因此,本实验主要以需要的几种咔唑和蒽类衍生物的发光材料进行一些简单的描述。

4.1.2.1 **蒽类蓝色发光材料**

作为第一个被发现的在外电场作用下发光的有机电致蓝色发光材料——蒽,其在有机电致发光材料中占有重要地位是毋庸置疑的。由于它的结构特殊性、较好的性质,使它在有机电致蓝色发光材料中一直被研究至今。虽然含有蒽类的有机化合物一般具有刚性结构、宽能隙、高荧光量子效率等优点,但是未经修饰的蒽分子之间一般会发生聚集结晶,由于这个原因很大程度上影响了蒽在 OLED 中的使用价值,因此很多科学家们对蒽的结构修饰做了大量研究,他们在蒽的 9,10 位以及其他基团进行取代,通过改变蒽的平面结构从而有效地降低蒽分子之间的聚集,使得蒽类衍生物不断被广泛使用。图 4-2

所示是蒽类衍生物的部分结构。

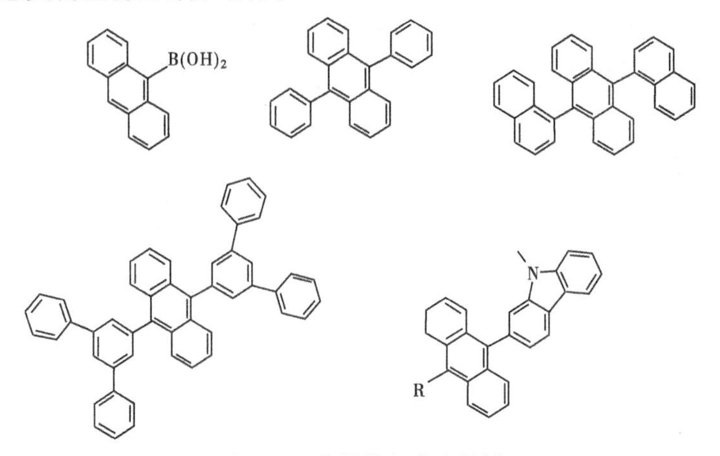

图 4-2　蒽类蓝色发光材料

4.1.2.2　咔唑类蓝色发光材料

咔唑是一类含氮杂环的有机化合物，是煤焦油成分中经济价值最高的成分之一，并且调查发现世界上 90% 咔唑的来源都是从煤焦油提炼得到的，咔唑的用途也十分宽泛，其在生产染料、颜料、感光材料、光电导体、特种油墨等中占有重要比重。咔唑及其衍生物分子结构以其强大的共轭体系以及强的电荷转移作用，使它们拥有良好的空穴传输能力、热稳定性和形态稳定性，是人们在构筑空穴传输材料主体材料和发光材料时的首选分子的片段。因此，咔唑及咔唑的衍生物成为空穴传输材料中的一种受欢迎的发色团。图 4-3 所示是咔唑衍生物的一些分子结构。

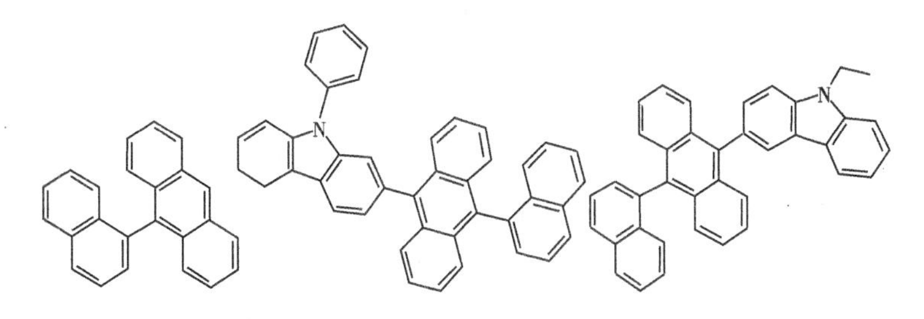

图 4-3　咔唑类蓝色发光材料

4.1.3　实验原理

经过多年的研究，人们已经了解到芳胺类化合物的独特自由基性质，因此在 OLED 电子显示器件中得到广泛应用。尽管胺类化合物的结构简单,但是在它的合成方面,目前合成条件要求十分困难,因此找到反应条件不复杂,产率又高,易于分离的实验方案是研究的重点。本实验主要通过乌尔曼反应、铃木反应来探索芳胺类有机化合物和蒽类有机化合物的偶联。

4.1.3.1 乌尔曼反应

在温度高于 200 ℃的条件下,在芳基卤代物和铜粉共存的条件下以2:1当量比使它们发生偶联反应生成联苯化合物,这就是乌尔曼反应,它在 1901 年首次被报道,它的发现者是德国化学家 Ullmann,因此以其名字命名了该反应。然后在后来的 2 年里他不断实验,又一次发现并且报道了在相似反应条件环境下生成 C－N 键化合物的偶联反应。传统的乌尔曼反应由于其苛刻的反应条件导致了这个反应较难得到广泛的应用,其反应条件当量或过量的铜或者铜盐、高温、强碱及长时间的反应等,并且反应的收率并不高,这都是很难吸引大家关注的。因此,推广难度是可以想象的。图 4-4 方程式为其中一种传统乌尔曼反应。

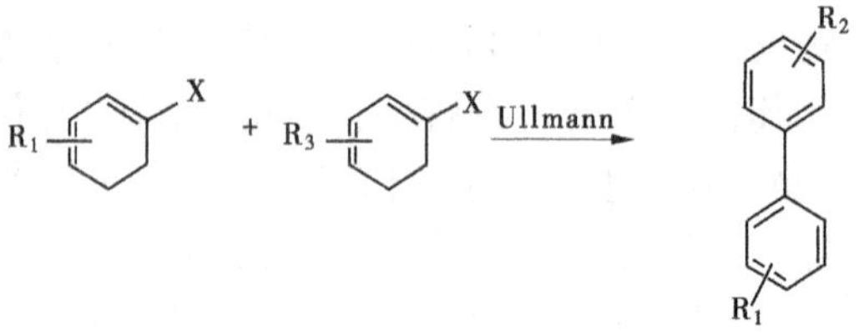

图 4-4 乌尔曼反应

科学家经过 100 多年不懈地努力研究。乌尔曼反应有了很大的优化进步,从加入 18－冠－6－醚到廉价的 PEG、PEGDM 做相转移催化剂,再到后来的冠醚类混合相转移催化剂对反应过程都有所提高,但是也带来了一些缺点,可总的来说,实验有了很大进展。后来较成熟地以碘苯为原料,碘化亚铜作为反应的催化剂,甲苯作为溶剂,KeOt－Bu 作为碱液,温度为 115 ℃,此反应条件大大地优化了反应。后来人也在催化剂方面下了大功夫。化学家尝试了很多方法来克服传统乌尔曼反应带来的缺点,后来化学家发现具有反应条件温和、反应简单并且在后处理方面也很简单等优点的偶联反应,就是把钯和镍作为这种类型偶联反应的催化剂,因此研究传统乌尔曼反应的很多科学家都逐渐转移了研究方向。随后一段时间发现钯、镍不太适合用来作为乌尔曼反应的催化剂,首先是钯的来源及性价比,而且钯是一种重金属,它的毒性较大且价格昂贵,对反应来说,不合理;再者是要用不稳定的具有较大毒性的有机磷做钯的配体,对于镍来说就是镍做催化剂,它的毒性很大。因此,人们放弃了在钯和镍上做研究。为了寻找价格便宜、毒性低的有效催化剂,最终化学家发现在乌尔曼反应中铜做催化剂还是比较实用的,因此对铜又产生了浓厚的兴趣,铜的来源非常广泛,而且是一种高效的金属催化剂,最重要的是无毒的,因此得到化学家的青睐,乌尔曼反应经历了 100 多年变革、研究与优化,如果把乌尔曼反应发展历程看作是一场战争,那么 Buchwald 课题组、Hartwig 课题组和马大为课题组等在此战争中一定具有丰功伟绩。他们在此历程中做出了开创性工作,他们通过合理使用配体、碱、溶剂,进而使反应能在较温和的条件下进行,并且他们还拓展了此反应物反应的适用范围以及官能团的兼容性,从而使该反应形成碳 - 碳和碳杂键的重要方法。目前,人们仍在不断地研究和寻找廉价、高效、毒性低等良好的反应环境。

4.1.3.2 铃木反应

铃木反应(Suzuki 反应)也是一种重要的偶联反应,有的人也会把它称为 Suzuki - Miyaura 反应(铃木 - 宫浦反应),是目前一个实用性很广的的偶联反应,它的反应原理是在零价钯的配合物催化条件下,促使芳基、烯基硼酸、硼酸酯与卤代芳烃(氯、溴、碘)或烯烃产生交叉偶联反应。此反应在 1979 年由铃木章首先报道,其在有机化学合成中的用途十分广泛,具有很强的底物适应性及官能团容忍性,经常会用在合成多烯烃、苯乙烯和联苯的衍生物的反应,进而被广泛应用于多种天然产物和有机材料的合成反应。这类偶联反应突出的优点:反应对水不敏感;可以多种活性官能团共存;可以进行通常的区域和立体选择性的偶联反应;更重要的是这类反应的无机副产物是无毒的而且还容易除去,这就使得其可以同时适用于实验室和工业化生产。铃木反应体系需要在完全无氧的环境中反应,并且需要水的参与,有的反应还需要再添加一些高催化活性的配体,这些配体的共性是:电负性较强,电负性强的配体会对氧化—加成反应有利;另一个是空间位阻大,空间位阻大的配体对还原—消除反应比较有利。对于还原消除过程,有时会产生副产物,如掉卤素的产品。卤代物的活性顺序为 I > Br > Cl,卤素取代在此类反应中碘代物的活性最高,溴次之,氯代物有时需要更高活性的配体才能完成偶联反应。以下是它的一些反应方程式:

芳香基或者烯基硼酸与卤芳化合物发生交叉偶联的反应方程式:

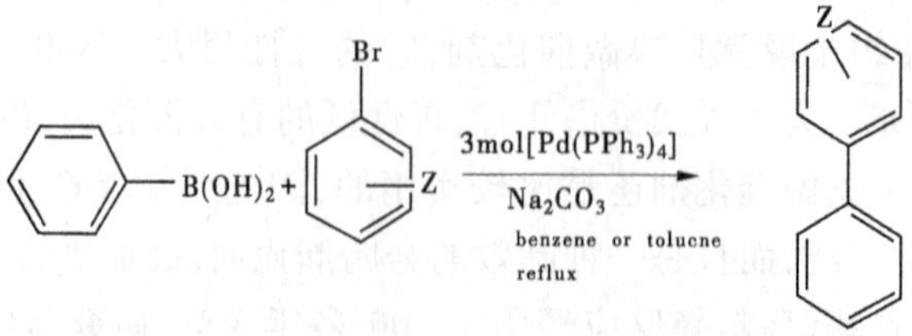

Br

$B(OH)_2$ + Z

3mol[$Pd(PPh_3)_4$]

Na_2CO_3

benzene or toluene

reflux

Z

二硼烷频钠酯制备芳基硼酸的反应方程式：

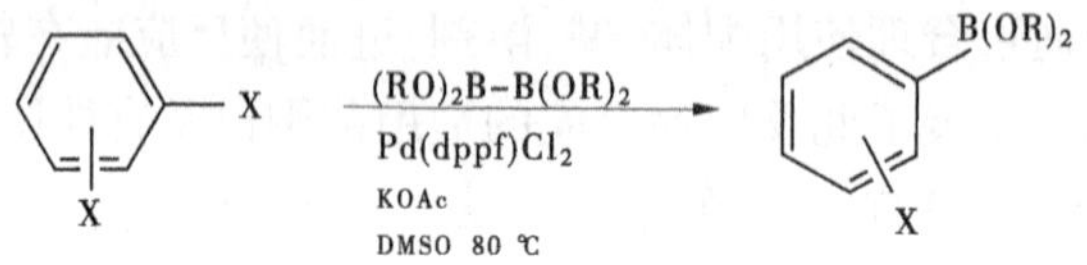

X

X

$(RO)_2B-B(OR)_2$

$Pd(dppf)Cl_2$

KOAc

DMSO 80 ℃

$B(OR)_2$

X

“一锅法”和芳基卤反应用于芳基－芳基偶联反应：

铃木反应(见图4-5)体系需要在完全无氧的环境中反应，但是需要水的参与。有时有的反应还要加入一些具有高催化活性的配体才能发生反应，这是因为它们的电负性比较强，并且空间位阻很大。电负性强的配体对氧化—加成反应比较有利，空间位阻大的配体对还原—消除反应比较有利。对于还原—消除过程，有时会产生副产物，如掉卤素的产品。卤代物的活性顺序为 I > Br > Cl，卤素取代在此类反应中碘代物的活性最高，溴次之，氯代物有时需要更高活性的配体才能完成偶联反应。

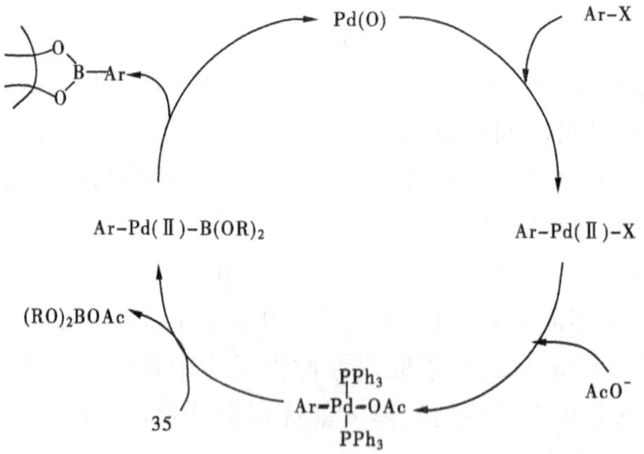

Pd(0)

Ar-X

B—Ar

Ar-Pd(Ⅱ)-$B(OR)_2$

Ar-Pd(Ⅱ)-X

$(RO)_2BOAc$

PPh_3

Ar-Pd-OAc

PPh_3

AcO^-

35

图4-5 铃木反应

目前，尽管Suzuki偶联反应应用十分广泛，但是为了更加优化它的反应，人们不断地研究,主要在以下几个方向做研究:①合成并筛选高效催化卤代芳烃的配体使其在温和条件下很好地进行反应;②研究使 Suzuki 偶联反应的催化体系多相化;③研究新合成方法用来优化 Suzuki 偶联反应。

4.1.4 实验方案

本书主要是基于咔唑和氮杂芴的蓝色发光材料的研究,这次实验主要通过咔唑及其衍生物和蒽、芘进行偶联,合成几种不同的产物,通过核磁和质谱确定其结构,用荧光光度计与紫外分光光度来比较它们的发光效率、光学性能,并且通过实验操作与结果寻求适合反应条件从不同的反应时间、溶剂、催化剂、碱性物质获得更高产率的实验方案。下面是通过查找文献、参考资料设计的基本合成方案。

咔唑衍生物和蒽、芘的 Suzuki 偶联反应方程式见图 4-6。

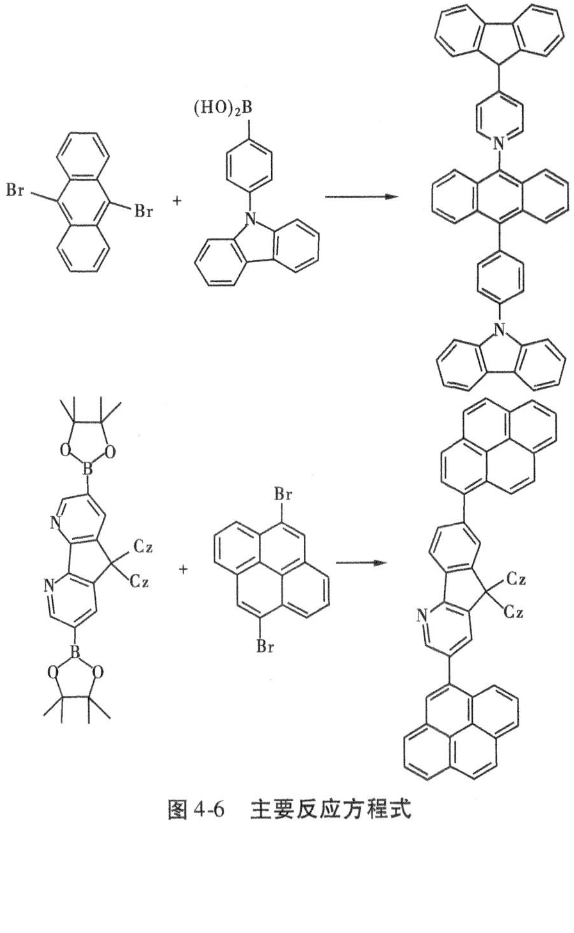

图 4-6 主要反应方程式

此类反应都是典型的铃木反应,只是由于反应的活性、溶解度等因素的影响,在进行不同底物反应的时候需要更换溶剂、使用不同的钯催化剂,或者更换配体来变化反应条件,具体的一些溶剂和钯催化剂以及相应的配体见表4-1。

表4-1 铃木反应常用条件

溶剂	钯催化剂及配体	碱
甲苯、乙醇、水; 二氧六环、水	醋酸钯、PCy_3、PPh_3	K_2CO_3、NaOH、KOH

4.2 实验部分

4.2.1 实验药品、仪器

实验药品、试剂见表4-2。

表4-2 实验药品及生产厂家

序号	名称	相对分子质量(g/mol)	生产厂家
1	咔唑	167.20	常州市新华活性材料研究所
2	3,8-二溴菲罗啉	338.01	萨恩化学技术(上海)有限公司
3	9,10-二溴蒽	336.02	萨恩化学技术(上海)有限公司
4	10-溴蒽-9-硼酸	300.94	萨恩化学技术(上海)有限公司
5	1,6-二溴芘	360.04	郑州海阔光电材料有限公司
6	4-(9H-咔唑-9-基)苯硼酸	287.12	郑州海阔光电材料有限公司
7	伊顿试剂	238.05	萨恩化学技术(上海)有限公司
8	$Pd(PPh_3)_4$	1 155.57	Adamas Reagent CO. Ltd
9	无水碳酸钾	138.21	萨恩化学技术(上海)有限公司
10	18-冠-6-醚	264.32	萨恩化学技术(上海)有限公司
11	溴化钾	119.44	山东西亚化学工业有限公司
12	Pcy_3、$Pd(OAc)_2$	119.12、224.51	郑州海阔光电材料有限公司

续表 4-2

序号	名称	相对分子质量(g/mol)	生产厂家
13	石油醚	AR	天津市风船化学试剂科技有限公司
14	二氯甲烷	AR	天津市风船化学试剂科技有限公司
15	无水乙醇	AR	天津市风船化学试剂科技有限公司
16	三氯甲烷	AR	天津市风船化学试剂科技有限公司
17	甲苯	AR	天津市风船化学试剂科技有限公司
18	丙酮	AR	天津市风船化学试剂科技有限公司
19	无水硫酸钠	AR	天津博迪化工股份有限公司
20	石英砂	AR	天津市科密欧化学试剂开发中心
21	柱层层析硅胶	AR	青岛海洋化工厂分厂
22	N,N 二甲基甲酰胺	AR	天津市凯通化学试剂有限公司

实验仪器见表 4-3。

表 4-3　实验仪器

序号	名称	型号	厂家
1	循环水真空泵	SHZ - DⅢ	郑州予华仪器制造有限公司
2	电热恒温鼓风干燥箱	GZX - QF101 - 1 - S	上海跃进医疗器械有限公司
3	电子天平	MP5002	上海舜宇恒平科学仪器有限公司
4	暗箱式紫外分析仪	ZF - 20C	上海宝山顾村电光仪器厂
5	旋转蒸发仪	N - 1100	上海爱朗仪器有限公司
6	真空泵	VAC - EX01	德国布鲁克公司
7	集热式恒温加热磁力搅拌器	DF - 101S	河南省予华仪器有限公司

4.2.2　实验过程

4.2.2.1　溴化钾和 3,8 - 二溴菲罗啉反应

制备氮杂芴酮原料是用溴化钾和 3,8 - 二溴菲罗啉在强酸下氧化反应，反应方程式：

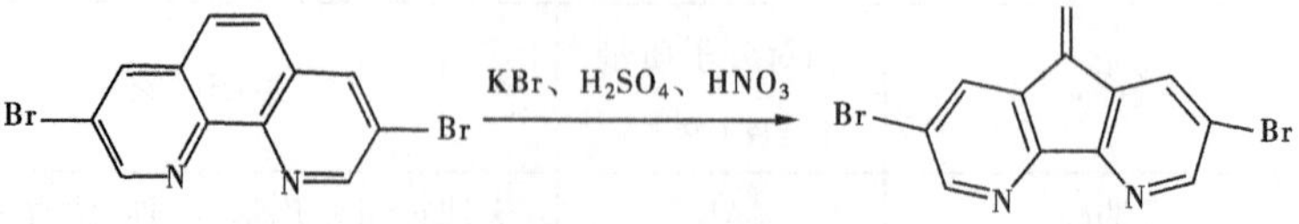

KBr、H_2SO_4、HNO_3

反应步骤:用电子天平分别称取溴化钾 0.431 7 g、3,8 - 二溴菲罗啉 1.0 g,将其加入准备好的干净的两口烧瓶中,并放入转子,将其固定在冷凝管的底部接口,将烧瓶底部放入油浴锅中,固定好装置后,分别取 3.4 mL 的浓硝酸和 6.75 mL 的浓硫酸依次加入两口烧瓶中。然后盖上瓶塞加上夹子保持好密封性,接着打开水管开始回流,打开集热式恒温加热磁力搅拌器温度设为 90 ℃,转速 610 r/min,加热搅拌待温度稳定在 90 ℃后。记时 3 h,在期间可以在开通氩气的情况下,点板(硅胶板)观察反应是否进行完全。反应完成后冷却至室温,排空溴气后倒入 700 mL 水中(烧杯 1 000 mL)加 NaOH 中和,至中性后,颜色由黄色变为墨绿色。然后抽滤,用二氯甲烷萃取得到的溶液用硫酸钠干燥后用旋转蒸发仪旋干,得到产品。称其质量为 0.438 g,产率为 30.7%。

4.2.2.2 2,7 - 二溴 - 9 - 氮杂芴酮与咔唑的偶联

2,7 - 二溴 - 9 - 氮杂芴酮与咔唑的偶联反应方程式:

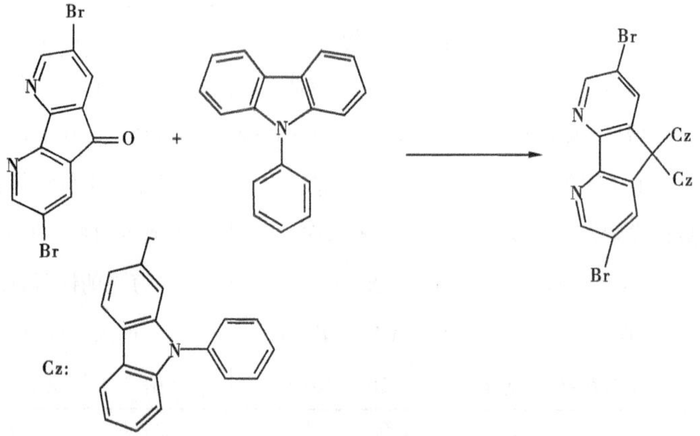

Cz:

反应试剂:伊顿试剂、二氯甲烷。

反应步骤:分别取 2,7 - 二溴 - 9 - 氮杂芴酮 1.7 g 和咔唑 2.715 g 加入准备好的三口烧瓶中加入转子。将其固定在固定好的干燥冷凝管下接口,将烧瓶底部放入油浴中,将装置搭建好后,开通回流水,加入 10 mL 二氯甲烷,抽真

空,通入氩气赶走空气,保证反应在无水无氧的情况下进行。通入氩气一段时间后用针管将伊顿试剂(催化剂)加入三口烧瓶中(其中一个是橡胶塞保证无水无氧针眼用石蜡封住),然后打开集热式恒温加热磁力搅拌器开关,加热搅拌,温度控制在 100 ℃,转速 560 r/min。反应 2 h,在期间可以在开通氩气的情况下,点板(硅胶板)观察反应是否进行完全。反应结束后碱洗抽滤萃取旋转蒸发仪旋干。在电热恒温鼓风干燥箱干燥 3 h(60 ℃),得到产品。然后进行柱层析产品提纯,得到产品点之后再次旋干进行性能检测。称其质量为 1.83 g,其产率为 42.6%。

4.2.2.3 3-溴芴酮与4-苯硼酸的偶联反应

3-溴芴酮与4-苯硼酸的偶联反应方程式:

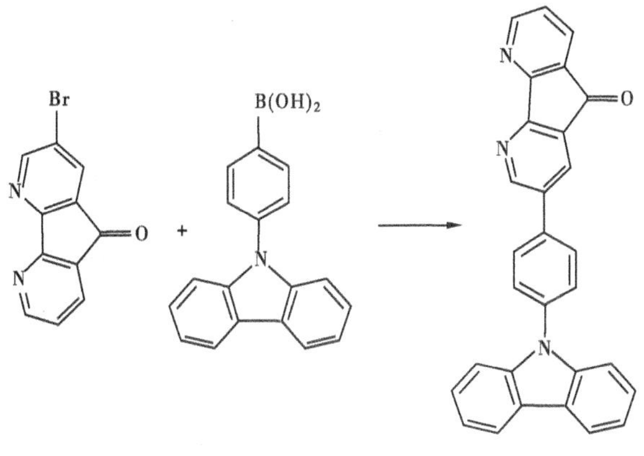

反应条件:$Pd(PPh_3)_4$、二氧六环、水。

反应步骤:称取3-溴芴酮 0.259 4 g、4-苯硼酸 0.287 2 g、碳酸钾 1.696 g。放入干净的双口烧瓶中,并加入转子,将其固定在固定好的干燥冷凝管下接口,将烧瓶底部放入油浴中,将装置搭建好后,开通回流水,用滴管量取 10 mL 二氧六环和 1 mL 水加入烧瓶中抽真空,通入氩气赶走空气,保证无氧环境。开通磁力搅拌装置开关。使固体充分溶解,待通入 20 min 氩气后,称取 0.568 g 催化剂 $Pd(PPh_3)_4$ 加入烧瓶中,保持好气密性。盖上塞子,将加热开关打开,将温度设置在 90 ℃,待温度稳定后停通氩气,反应计时 10 h。用展开剂二氯甲烷与石油醚比值为 1∶20 观察反应情况。待完全反应后,抽滤旋干,进行柱层析过柱子。得到纯品后再次旋干,然后检测性质。质量为 0.083 4 g,产率为 14.3%。

^1HNMR ($CDCl_3$, 400 MHz, ppm) 9.22 (s, 2H), 8.26 (s, 2H), 8.16 (d, 4H),8.06 (d, 2H), 7.90 (d, 4H), 7.69 (d, 4H), 7.60 (m, 8H),7.43 ~7.51 (m, 18H), 7.25 ~7.34 (m, 8H)。

4.2.2.4 联硼酸频钠醇酯与2,7－二溴双咔唑芴的偶联

联硼酸频钠醇酯与2,7－二溴双咔唑芴的偶联反应方程式:

Br
N
Cz
Cz
N
Br
+
O
B
O
B
O
O
O
B
O
N
Cz
Cz
N
B
O
O

反应条件:无水KOAC,Pd(OAC)$_2$、Pcy$_3$、二氧六环。

实验步骤:称取2,7－二溴双咔唑芴0.251 2 g、联硼酸频钠醇酯0.326 7 g、无水醋酸钾0.18 g,快速加入干净的三口烧瓶中,将烧瓶底部放入油浴中,固定装置,加入12 mL二氧六环,开回流装置,然后通氩气真空泵抽真空,连续三次(此间吹风机热风吹3个烧瓶防止醋酸钾吸潮),达到无水无氧环境,通着氩气加入Pcy$_3$和Pd(OAC)$_2$(催化剂)0.017 1 g、0.007 1 g,通一段时间后加热搅拌,温度控制在80 ℃,转速560 r/min。反应24 h,在期间可以在开通氩气的情况下,点板(硅胶板)观察反应是否进行完全。反应结束后冷却室温,过滤,然后使用二氯甲烷来合并有机相,再使用饱和氯化钠水溶液进行水洗(3次),得到有机相用无水氯化钠,干燥3 h然后旋干称量产品。待旋干后进行柱层析(产品提纯的一种方法),得到产品点之后旋干进行性能检测。称量质量得0.26 g,其产率为45.6%。

4.2.2.5 4 - (9H - 咔唑 -9 - 基) - 苯硼酸与 9,10 - 溴蒽偶联

4 - (9H - 咔唑 -9 - 基) - 苯硼酸与 9,10 - 溴蒽偶联反应方程式:

反应条件:Pcy_3(催化剂)、$C_6H_6O_4$ Pd(催化剂)、K_2CO_3、二氧六环、水、加热。

反应步骤:电子天平称量4 - (9H - 咔唑 -9 - 基)苯硼酸0.287 g、9,10 - 溴蒽0.336 g、碳酸钾0.138 g,两口烧瓶中加入转子。固定在装置的冷凝管下接口。将烧瓶底部放入油浴中,安装好装置后,开通回流装置,通入氩气加溶剂二氧六环10 mL、水1 mL、乙醇3 mL,物质溶解后过段时间,取 $Pcy_3$0.028 g 和 $C_6H_6O_4$Pd 0.011 2 g 加入到烧瓶中,打开集热式恒温加热磁力搅拌器加热搅拌。温度设为90 ℃,转速560 r/min,温度稳定停直通氩气,反应20 h左右。在期间可以在开通氩气的情况下,点板(硅胶板)观察反应是否进行完全。反应完成后用毛细管点层析硅胶板,观察反应情况。根据硅胶板上的显色光点判断所要产物。然后过滤旋干,依适合的极性进行过硅胶柱(极性是石油醚:二氯甲烷 =10:1),再次旋干得到较纯产物。进行性能的检测。称其质量得0.231 g,其产率为39.6%。

4.2.2.6 2,7 - 二硼酸酯 -9 - 咔唑氮杂芴与1,6 - 二溴芘偶联

2,7 - 二硼酸酯 -9 - 咔唑氮杂芴与1,6 - 二溴芘偶联反应方程式:

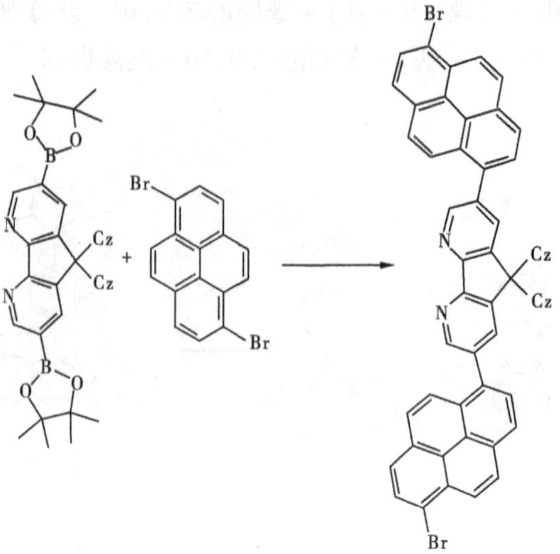

反应条件：甲苯、乙醇、水、5% $Pd(PPh_3)_4$、碳酸钾。

反应步骤：打开电子天平开关清零后称取 2,7 - 二硼酸酯 - 9 - 咔唑氮杂芴 0.306 7 g，然后称取 1,6 - 二溴芘 0.248 7 g、碳酸钾 0.188 9 g 放入准备好的干净的双口烧瓶中，加入转子。将双口烧瓶固定在冷凝装置上，将烧瓶底部放入油浴中，然后依次加入溶剂，用不同的移液管量取 20 mL 甲苯、6 mL 乙醇、0.68 mL 水，然后将塞子插入烧瓶的其中 1 个口，保持气密性良好。打开磁力加热搅拌仪器的开关，将磁力开关打开并且开通氩气装置将氩气通入烧瓶中。20 min 后，取 0.039 3 g 催化剂 5% $Pd(PPh_3)_4$ 加入到烧瓶中，打开冷凝回流水开关。然后打开加热器开关，待温度稳定在 90 ℃时关闭氩气开关，计时 20 h。在期间可以在开通氩气的情况下，点板（硅胶板）观察反应是否进行完全。此反应展开剂为二氯甲烷：丙酮 =5∶1。待反应结束后，抽滤旋干，抽滤过程中，滤渣用二氯甲烷多次洗涤，以防产品损失过多。待旋干后进行柱层析，得到产品点之后旋干进行性能检测。称量其质量为 0.226g，其产率为 36.7%。

4.2.2.7　2,7 - 二溴 - 9 - 咔唑芴与 4 - (9H - 咔唑 - 9 基) 苯硼酸偶联反应

2,7 - 二溴 - 9 - 咔唑芴与 4 - (9H - 咔唑 - 9 基) 苯硼酸反应方程式：

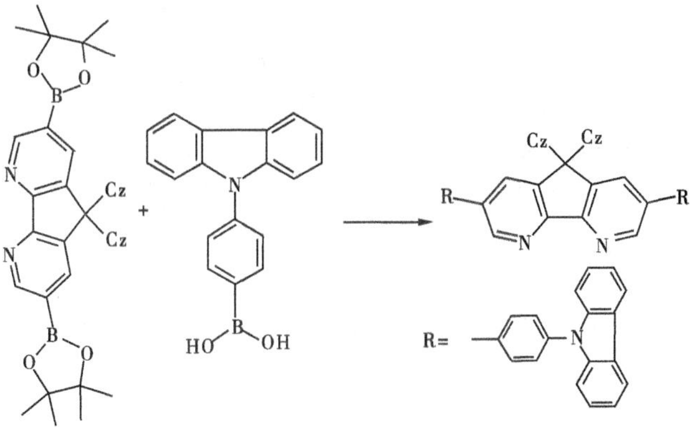

反应条件：甲苯、乙醇、水、5% $Pd(PPh_3)_4$、碳酸钾。

反应步骤：打开电子天平开关清零后称取2,7-二溴-9-二咔唑氮杂芴0.24 g，然后称取4-(9H-咔唑-9基)苯硼酸0.086 g、碳酸钾0.276 g，放入准备好的干净的双口烧瓶中，加入转子。将双口烧瓶固定在冷凝装置上，将烧瓶底部放入油浴中，然后依次加入溶剂，用不同的移液管量取20 mL甲苯、6 mL乙醇、1 mL水，然后将塞子插入烧瓶的其中1个口，保持气密性良好。打开磁力加热搅拌仪器的开关，将磁力开关打开并且开通氩气装置将氩气通入烧瓶中。20 min后，取0.035 g催化剂5% $Pd(PPh_3)_4$ 加入到烧瓶中，打开冷凝回流水开关。然后打开加热器开关，待温度稳定在90 ℃时关闭氩气开关，计时20 h。期间可以在开通氩气的情况下，点板（硅胶板）观察反应是否进行完全。此反应展开剂为二氯甲烷：丙酮=20：1待反应结束后，抽滤旋干，抽滤过程中，滤渣用二氯甲烷多次洗涤，以防产品损失过多。待旋干后进行柱层析（产品提纯的一种方法），得到产品点之后旋干进行性能检测。称量产品质量为0.083 4 g，产率为34.7%。

4.2.3 结构表征及性能

4.2.3.1 仪器及型号

核磁共振谱仪：布鲁克400M，型号：AVANCE Ⅲ HD。

液质联用谱：热电LCQ-Fleet。

紫外分光光度计：UV-3600。

荧光光谱仪：安捷伦Cary-Eclipse。

4.2.3.2 结构表征方法

核磁共振表征^{1}HNMR，所测试的样品一种是氘代氯仿，另一种是氘代

DMSO 溶液装入核磁管测试。

通过质谱测定样品的分子量。甲醇做溶剂,当产品溶解之后,测分子量。

通过这两种方法来确定产物分子的结构。

4.2.3.3 性质分析方法

性质分析一般采用荧光光度计与紫外分光光度仪这两种方法。其中,紫外吸收测试为样品溶液、固体样品、薄膜,溶液的浓度为 10^{-5} mol/L。荧光测试一般测试样品的溶液。

发光效率用的测试方法是间接比较法,原理是利用已知标准物质和它的样品荧光光谱在同样条件下进行测试对比,经公式换算而得到产物发光效率。所用公式为

$$\frac{\Phi_1}{\Phi_2} = \frac{n_1 F_1}{n_2 F_2} \times \frac{A_2}{A_1}$$

式中:下标 1、2 分别为样品和标准物质的发光效率;Φ 为物质的发光效率;n 为折射率;F 为发光光谱积分面积;A 为吸光度。

本书用 1 μg/mL 蒽的乙醇溶液作为标准物质,其效率为 0.29。将蒽的标准溶液的紫外吸收与样品的紫外吸收交点作为激发光谱,测试荧光光谱,经过荧光光谱图可以得到结果,从光谱图的积分面积对比,从而得到样品的发光效率。

4.3 实验及结果分析

4.3.1 实验过程分析

实验过程分析如下:

(1)在 3,8 - 二溴菲罗啉和溴化钾氧化反应中,需要无氧环境以及稳定的反应温度,反应后需调节 pH 值,因加热器反应温度不稳定,pH 值不好控制,可能会使部分目标产物不纯,从而导致产率下降。

(2)在 2,7 - 二溴氮杂芴酮与咔唑的偶联反应中,反应条件极其严格,反应需无水无氧,且加催化剂应注意反应的气密性,不能使伊顿试剂受损。温度也是影响反应的条件,由于加热器温度探头不灵敏,从而使温度不稳定,也是导致反应进行不完全的因素之一。反应结束后的后处理也对反应有影响,尤其是在柱层析这个地方,要选择合适的极性,最终确定的极性是石油醚: 二氯甲烷 = 1: 20,但是在接收产品点时不能完全将所有产品点收集在一个瓶中,这也会导致产率下降,而且在反应中也会存在副反应,例如反应中 2,7 - 二溴氮

杂芴酮可能会掉溴情况。

(3)联硼酸频钠醇酯与2,7-二溴双咔唑芴的偶联反应,也使反应条件比较复杂。首先是称量醋酸钾是快速称量后加入瓶中,在反应前不停地用吹风机吹热风。反应无水无氧,需要装置具有良好的气密性,而且此反应存在副反应,例如单取代,只会取代一个溴的情况,还有就是掉硼酸和脱溴情况,使反应产物很难处理。

(4)4-(9H-咔唑-9-基)苯硼酸和9,10-溴蒽反应所存在的问题是4-(9H-咔唑-9-基)苯硼酸可能会在反应时出现硼酸从4-(9H-咔唑-9-基)苯硼酸脱落的情况,这是其中的一种副产物存在的原因,另一种可能是一个9,10-溴蒽与两个咔唑硼酸反应进而导致产品产率下降。还有就是柱层析的过程中产品点不能完全出现在一个瓶中从而导致产品产率降低。

(5)2,7-二溴-9-二咔唑氮杂芴与1-芘硼酸反应过程出现的问题是:2,7-二溴-9-二咔唑氮杂芴可能会进行双取代和单取代,从而出现多个产品点,导致产品不足和难以分离,还有一种情况是反应过程中1-芘硼酸会出现掉硼酸现象,使部分原料不能正常进行反应。因此,在硅胶板上出现多个亮点,必须要用到柱层析进行分离。并且此过程也会有产品损失,就是会产生少量的混合点。

(6)在这些试验中运用不同的催化剂以及不同的溶剂体系来完成反应的进行。其中有催化剂有$Pd(PPh_3)_4$、醋酸钯和Pcy_3等。溶剂体系有二氧六环和水;甲苯、乙醇、水体系。在其搭配中寻找最合适的反应条件。

4.3.2 结果分析

紫外分析如图4-7~图4-9所示。

从图4-7紫外分析可以得出在350~450 nm的波长段,蒽氮杂芴酮、芘咔唑氮杂芴酮有明显的长波吸收峰值,且吸收值明显比二咔唑氮杂芴高,二咔唑氮杂芴237 nm、284 nm两个峰值,蒽氮杂芴酮236 nm、277 nm两个峰值,芘咔唑氮杂芴的吸收峰值256 nm。而蒽氮杂芴、芘氮杂芴在可见光区出现峰值分别为350 nm、385 nm,说明了蒽芘取代基使氮杂芴的吸收峰向可见光区移动,说明取代基的选择是正确的。

由图4-8可以看出由于芘的存在,芘咔唑氮杂芴有明显的往可见光区偏移,在325~450nm有一个高于咔唑氮杂芴吸收峰值。而咔唑氮杂芴在可见光区是没有吸收值的。这很明显地显示出芘在咔唑氮杂芴的重要作用。

由图4-9可以看出取代基团在氮杂芴中的作用,带有蒽、咔唑基团咔唑氮

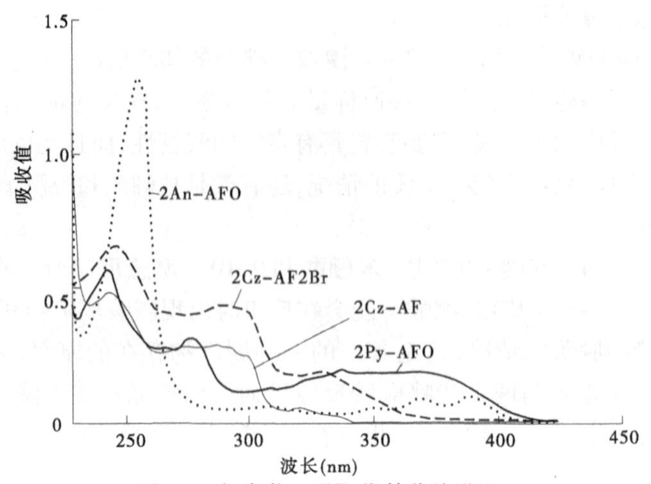

图 4-7　氮杂芴不同取代基紫外谱图

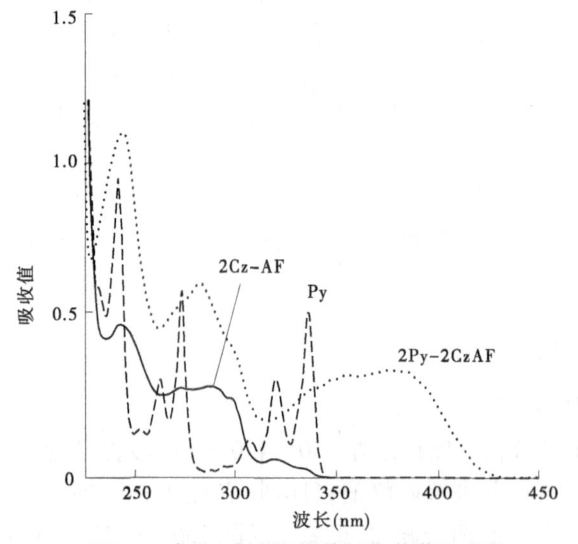

图 4-8　含蒽、咔唑取代基氮杂芴紫外谱图

杂芴与咔唑氮杂芴有明显的区别。吸收峰值明显增高,而且往可见光区偏移。在 325 ~450 nm 有明显的高峰值区间,带有咔唑基团的咔唑氮杂芴峰值在 350 nm 左右有个明显的 0. 38 的吸收峰值。蒽咔唑氮杂芴在 375 nm 有个明显的 0. 16 的吸收峰值。而咔唑氮杂芴在 350 nm 之后没有吸收值。这很明显地说明了蒽、咔唑取代基的作用使氮杂芴有了明显的变化。

荧光检测分析如图 4-10、图 4-11 所示。

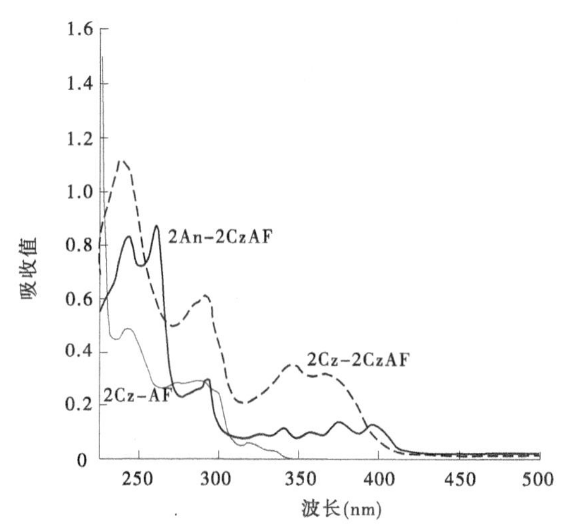

图 4-9　含蒽、咔唑取代基的咔唑氮杂芴紫外谱图

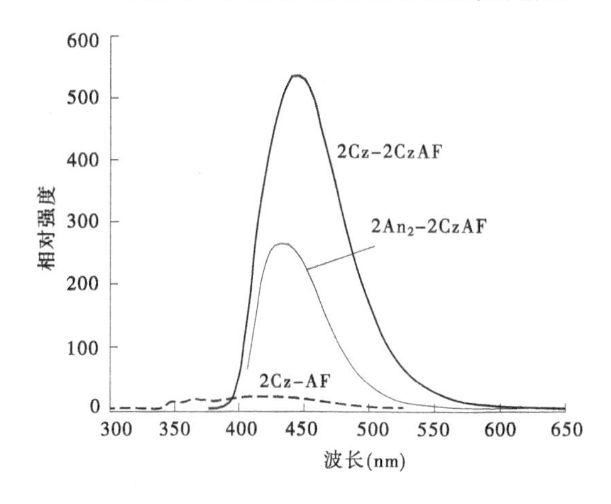

图 4-10　咔唑氮杂芴产物荧光图

由图 4-10 可以看出含有咔唑、蒽取代基的咔唑氮杂芴在 375 ~ 550 nm 出现了高的吸收强度分别是 540 nm 和 268 nm。与咔唑氮杂芴相比有明显的向可见光区(长波方向)移动的趋势。这是由于取代基咔唑、蒽与氮杂芴之间形成较大的共轭体系,产生较高的发光强度,且发生红移。长波方向最大发光强度波长为四取代咔唑氮杂芴在 450 nm 左右,二取代蒽咔唑氮杂芴在 430 nm 左右存在最大发光强度,而咔唑氮杂芴相比较差。因此,由图 4-10 可知在咔唑氮杂芴上偶联蒽、芘、咔唑取代基产生较强蓝色光是十分正确的。

由图 4-11 可以看出不同的取代基在氮杂芴产生的效果有明显的差异。二芘氮杂芴酮在 435 nm 左右最大发光强度为 38，二咔唑氮杂芴在 415 nm 左右发光峰强度为 21，单蒽峰值出现了几个在 370～500 nm 的发光峰，而与之比较二蒽氮杂芴发光不是很明显。同时，在氮杂芴酮 2,7 位上取代相对于在咔唑氮杂芴 2,7 位上进行蒽、芘、咔唑偶联取代发光更弱。这也恰恰验证了研究思路是正确的。

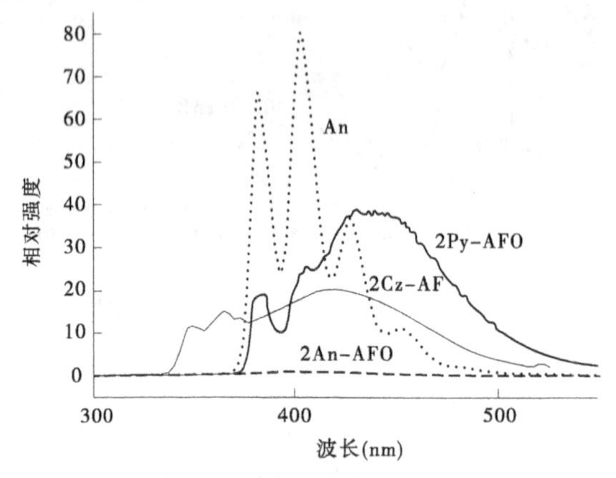

图 4-11　氮杂芴类产物荧光图

4.4　结　论

目前，对有机电致发光市场及研发来说，蓝光材料是制备 OLED 显示或照明设备必须的材料之一，但研究调查发现目前性能优异的蓝光材料很少，对于蓝色发光材料的设计和合成以及其性能的研究很有必要。本实验主要根据铃木反应合成了几种不同原料发光材料：咔唑芘氮杂芴、咔唑蒽氮杂芴。在实验中对反应所使用的条件进行对比和产品处理过程不同的方法讨论和分析，然后经过仪器核磁和质谱确定了目标产物的结构，在进行荧光光谱和紫外可见光吸收光谱仪器测试比较它们的发光效率以及发光亮度，得到如下结论：

(1)将提纯后的几种目标产物，在核磁、质谱等仪器的检测结果可以得出所得结果与理论相符合，证明所得产物结构正确。

(2)有紫外可以得出 9 位二咔唑取代的二咔唑氮杂芴与 9,9 - 二咔唑氮杂芴相比在可见光区 348 nm 处有明显的吸收峰值强度为 0. 38。2,7 二蒽 - 9,9 二咔唑氮杂芴在 398 nm 左右吸收峰值强度为 0. 17，2,7 二芘 - 9,9 二咔唑氮杂芴在 381 nm 处吸收峰值强度为 0. 46，与咔唑氮杂芴相比较有明显的向长波方向(可见光区)偏移,且吸收峰值明显增大。

(3)由荧光分析可知二取代蒽-2咔唑氮杂芴、二取代芘-2咔唑氮杂芴、二取代咔唑-2咔唑氮杂芴相对于其他简单的取代基团在氮杂芴酮上有明显的差异,且波长在350~500 nm(可见光区)有较强的深蓝色发光效率和发光强度。

(4)得到了三类性能优秀的蓝色发光材料,其中以在二咔唑氮杂芴的2,7位上取代基最好。这也正符合设计思路,同时证明设计思路可行,为这类蓝色发光材料的合成打下良好的基础。

参考文献

[1] 李景通. 基于咔唑,联苯,蒽的有机小分子半导体材料的合成与光电性能研究[D]. 山东:山东理工大学,2014.

[2] 黄锦海. 基于蒽的有机电致发光材料的合成和性能研究[D]. 上海:华东理工大学,2011.

[3] 王娟. 有机蓝色荧光和磷光主体材料的制备及电致发光性能研究[D]. 山西:中北大学,2015.

[4] 张婷. 有机蓝色荧光材料和磷光主体材料的合成及电致发光性质研究[D]. 辽宁:大连理工大学,2012.

[5] M Zhu, C Yang. Blue fluorescent emitters: design tactics and applications in organic light-emitting diodes[J]. Chemical Society Reviews, 2013, 42: 4963-4976.

[6] K C Wu, P J Ku, C S Lin, et al. The photophysical properties of dipyrenylbenzenes and their application as exceedingly efficient blue emitters for electroluminescent devices[J]. Advanced Functional Materials, 2008, 18(1): 67-75.

[7] 刘艳玲,韩立志,张宏,等. 9-苯基芴-4-三苯胺电致发光材料的光电性质[J]. 分子科学学报,2010,26(3): 168-172.

[8] 王春霞. 三苯胺类有机电致发光材料的合成与研究[D]. 南京:南京理工大学,2009.

[9] 文利斌,李海华. 三苯胺及衍生物的合成方法综述[J]. 北京理工大学化工与环境学院,2005,11: 1-4.

[10] C C Wu, Y T Lin, H H Chiang, et al. Highly bright blue organic light-emitting devices using spirobifluorene-cored conjugated compounds[J]. Applied Physics Letters, 2002, 81(4): 577-579.

[11] 苏玉苗,林海娟,李文木. 咔唑及其衍生物在蓝光 OLED 中的应用[J]. 化学发展,2015,10: 1385-1387.

[12] 莫亦明，白凤莲，张得清，等．三苯胺衍生物光物理性质的研究[J]．中国科学(B辑)，1996，26(2)：164-165.
[13] 刘志东，周雪琴，褚吉成．芳乙烯基三苯胺类电荷传输材料的合成与性能研究[J]．绿色高新精细化工技术，2004：244-115.
[14] 周春晖，李小年，葛忠华．贵金属钯催化剂的研究现状和发展前景[J]．化工生产与技术，2000，7(1)：13-14.
[15] 韩立志，王崇太，任爱民，等．三苯胺取代蒽衍生物的结构和光学性质[J]．分子科学学报，2013，29(2)：1-6.

第 5 章　教室灯光自动控制系统的设计

5.1　引　言

伴随社会不停歇的脚步，经济和科学技术不停地刷新人们的认知，社会用电量急剧增加，节能迫在眉睫。我国为实现中华民族伟大复兴的中国梦，近年来大力培养青年人才，国内各类本科、专科院校大幅度扩招，使教室大幅度增加，教室照明需求不断扩大，同学们的自觉节能意识薄弱，只要上课任何时间都开灯，上完课后直接离开教室，这种情况广泛存在校园每一个教室。“彻夜灯”“长明灯”造成了许多不必要的电能损耗，而且现在人们的生活不断向智能化发展，教室也应该向智能化、自动化靠近。

节能减排是我国早几年就已经提出来的口号，如今对公共场合的灯光的智能自动控制已经开始使用，比如医院、住宅小区等，但教室灯光的智能控制还显得缺乏和不完善，依旧采用传统的人工式管理。一般高校教室较多，但是管理人员只有几个，一个人需要负责一栋楼，导致管理人员根本忙不过来，这就造成了教室用电的管理不善，电能浪费极多。这种电能不必要的损耗与我国提出的节能的理念是相违背的。再者，现代社会的自动化程度不断提高，智能化控制越来越多地应用在各方面，灯光的管理也在朝着自动化、智能化方向大步前进。例如，小区楼道灯光接收到声音信号会自动开灯，医院灯光感受震动会自动开灯。现代高校教室灯光也应顺应时代，朝着自动化、智能化的方向发展。于是，开发简便、实用的教室灯光自动控制系统对社会及其发展就有很重要的意义。

各国都积极开发智能照明系统来充分利用自然光，利用自动控制系统合理使用灯光来减少照明带来的能源损耗。智能照明控制系统已是如今社会不可阻挡的发展趋势，教室灯光的自动控制也势在必行。目前，国外一些国家如美国、日本、德国和瑞士等国家，已开发了新型自动控制系统来控制教室所有使用电能的电器，其中包括灯光，取得了不错的效果。而国内随着我国节能减排理念的不断推广，各个省都展开了有关教室灯光自动控制的研究与推广，湖南省各个高校结合物联网技术，确定了一种层次化的网络整体架构设计，该设计是通过多种传感器构成无线传感器网络、收集信息，通过 Internet 控制总服务器。也有高校研究出以人存在信号作为输入，根据教室内的光照强度决定是否开灯的智能控制系统。系统的单片机主控模块采用芯片 C8051F340，人体存在检测模块使用热释电红外传感器 PIR，此外还有光检测模块和 LED 驱动模块，其使用 PT4115 芯片驱动 LED 灯发光。

5.2 系统方案的选择

设计一种教室灯光自动控制的系统，系统硬件以单片机 STC89C52 为主控模块芯片，同时设计了热释电红外感应模块、电源模块、光检测电路、手动控制电路、报警电路、灯光驱动电路、振荡电路、复位电路、下载电路等。

5.2.1 控制方案的选择

方案一：采用 STM32 做主控芯片。

方案二：采用单片机 STC89C51 做主控芯片。

方案三：采用单片机 STC89C52 做主控芯片。

STM32 处理速度比较快，同时集高性能、低功耗、数字信号处理和实时性于一身。相对于 STC89C51 和 STC89C52，STM32 的性能更好一些，但成本更高一点，需要使用嵌入式编程语言，复杂程度也高，不易于设计的实现。由于 STC89C52 和 STC89C51 性能已经足够系统使用，主控芯片 STC89C51 和 STC89C52 相比较，STC89C52 比 STC89C51 内存更大，成本及难度都是一样的。综上所述，本设计选择了使用 STC89C52 作为主控芯片的电路设计。

5.2.2 光检测方案选择

方案一：采用光敏三极管作为光检测元器件。

方案二：采用光敏电阻作为光检测元器件。

光敏三极管属于有源感光器件，相当于是光敏二极管和普通三极管的结合，受光后能够产生电位变化，从而使电流发生变化，电流放大的倍数和三极管的放大倍数一样。光敏电阻则是一种无源感光器件，受到光照射后自身阻值会根据光照强度发生改变。对比两种方案模块后选用了光敏电阻，电路易于设计，而且价格便宜。

5.2.3 人体存在检测方案的选择

方案一:用人体接近传感器感应人体存在。

方案二:用热红外人体感应器感应人体存在。

方案三:用微波感应器感应人体存在。

方案四:用热释电红外传感器感应人体存在。

方案一中的人体接近传感器是基于多普勒技术原理,以红外线、超声波、热释电为基本构成的,人体接近传感器灵敏度高、检测范围大、无误报,但是成本太高,不适合大量推广。方案二中的热红外人体感应器可以测量静止的人体,不会被干扰,但工作电压要求太高,范围为 180 ~ 250 V,成本也比较高。方案三中的微波感应器(俗称雷达感应器),应用多普勒频移微波感应,有比较强的穿透能力,能穿透玻璃、墙壁、塑料、衣服等非金属物体,可安装在非金属体灯具的内部;性能稳定,不受环境、温度、热源、灰尘等影响;但是感应距离为 3 ~ 18 m,不能感应太近的人体,只能自动检测处于移动中的人体,不能检测到静止不动的人,不能达到要求。方案四中的热释电红外传感器,感应距离为 0.1 ~ 7 m,足够教室使用,本身也不会发出任何类型的辐射,隐蔽性很好,功耗很小,价格还便宜,适合推广。对比四种方案,综合考虑性能及推广可能性,模块选择了方案四。

5.2.4 报警方案选择

方案一:选择指示灯加蜂鸣器双报警。

方案二:选择 GSM 模块发送短信报警。

在报警方面很多防盗都应用 GSM 模块,当接收到报警信号时会自动发送报警短信给设定的手机号,更快更精准,但多应用于防盗领域,相对于方案二,短信报警也显得不直观,成本还要高出许多。所以,在报警模块的选择上,选择了方案二,指示灯闪烁和蜂鸣器间歇鸣响双报警。因为不同的人对外界不同的刺激敏感度是不一样的,方案二从视觉、听觉两方面来提醒管理人员。

5.3 硬件电路设计

本设计实现的主要功能是,教室的灯光根据光强和是否有人体存在来自动控制,达到节能减排的目的。系统采用光敏电阻采集光强信息,用热释电红外传感器采集人体存在信息,在采集信息的基础上实现灯光的自动控制。电路以单片机 STC89C52 为核心,用光敏电阻对教室光照强度进行检测,热释电红外传感器对人体存在进行检测,经过分析将检测到的信号从输出端输入单片机,经过单片机各个引脚高低电平的变化对是否开灯进行判断。如果环境光强小于设定的阈值,同时检测到人体存在则开灯;如果环境光强大于设定阈值或者没有感受到人体存在,则灯不打开。

系统设计方案尽量优化电路,采用了一些模块设计。每个模块都有自己对应实现的功能,选择各个模块最适合的方案,把各个模块通过各自的控制电路和元器件连接在一起,构成整体的电路设计。设计主要有单片机模块、电源模块、手动控制模块、报警模块、光检测模块、人体存在检测模块、灯光驱动模块等。系统框图如图 5-1 所示。

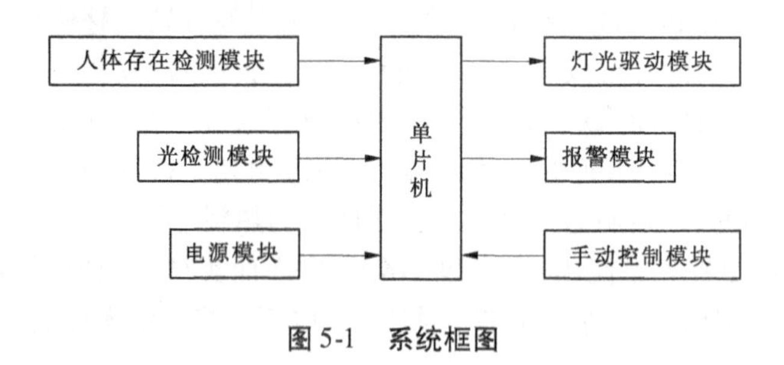

图 5-1　系统框图

5.3.1　单片机控制模块

教室灯光自动控制系统的主控模块就如同人类的大脑,大脑负责人体所有活动的指令控制和信息处理;教室灯光自动控制的主控模块也承担着光强检测、人体存在检测、灯光开关、超时报警的指令控制和信息处理。

模块选择使用单片机 STC89C52 作为主控芯片,单片机芯片根据各个引脚连接模块的高低电平变化,准确实现设计功能。

单片机最小系统是单片机能够正常工作必需的电路,包括复位电路、下载电路和振荡电路。复位电路、下载电路、振荡电路分别如图 5-2 ~ 图 5-4 所示。

5.3.2　电源模块

电源模块在所有设计中都是很重要的一个模块,只有通电后设计才能实现自己的功能,系统在设计最初的时候首先要考虑的就是电源问题。电源模块要非常稳定,在调试的时候出现问题需要先检查的也是电源模块。

电源模块选择是用 5 V 电源,STC89C52 单片机的工作电压有 5 V 和 3 V

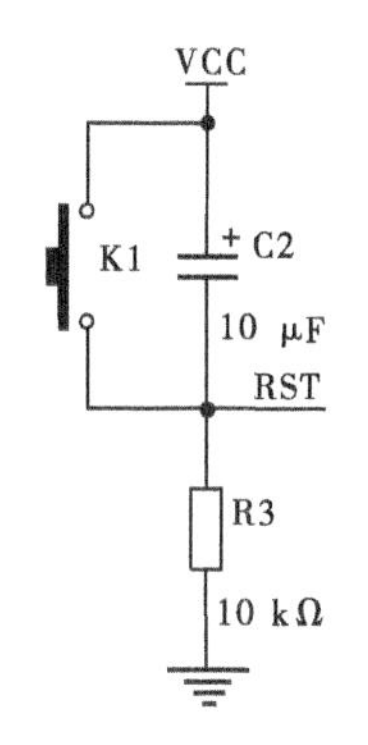

图 5-2　复位电路

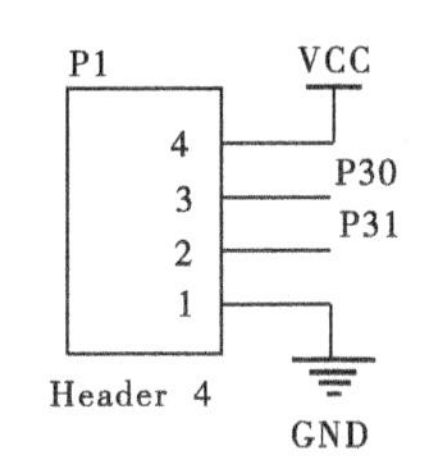

图 5-3　下载电路

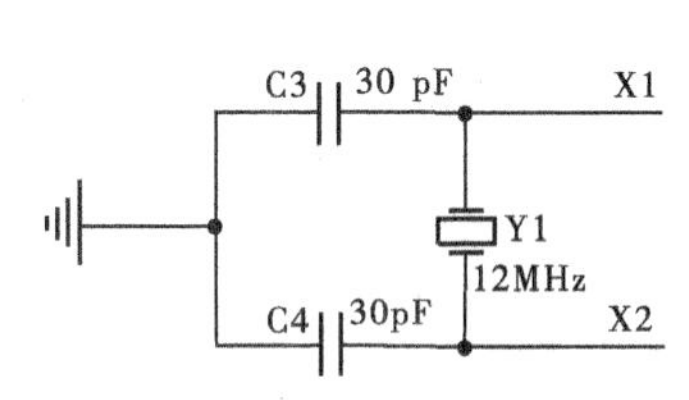

图 5-4　振荡电路

两种，本设计使用移动充电宝充当电源，输出是 5 V，选用 5 V 的电源可以不用增加变压模块直接供电，使电路更简单一点，也更稳定。电源接口模块选用了 DC 接口，成本特别低，是直流电源输入，在 DC 接口后面接一个开关来控制电源的输入。在电源和接地中间连接一个 470 μF 的电容，能起缓冲作用，避免打开或者关闭开关时电压的突然变化烧毁电路。为了方便电源模块供电，电源线采用了 USB 接口转 DC 接口。电源模块如图 5-5 所示。

5.3.3　光检测模块

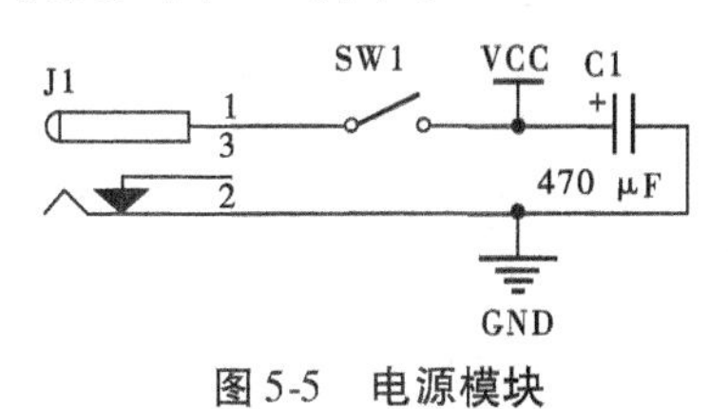

图 5-5　电源模块

光检测模块是系统一个主要的信息采集模块，只有准确地感受到光照强度，系统才能准确地判断是否需要开灯。

光检测模块选用一个光敏电阻接一个 10 kΩ 的电阻，一个 1 kΩ 的定值电阻接一个 10 kΩ 的滑动变阻器，两边再接 LM393 双电压比较器的正负极。对滑动变阻器设定一个基准值，也相当于设定了一个基准电压，当光强变化影响光敏电阻的阻值变化时，也会引起电压的变化，通过比较电压比较器的基准值可以敏锐地察觉到光强的变化，准确地知道什么时候需要开灯。光检测模块如图 5-6 所示。

5.3.4　人体存在检测模块

人体存在检测模块是系统另一个主要的信息采集模块。准确地判定人体是否存在，是系统功能实现的基础。

人体存在检测模块选择用热释电红外传感器，传感器连接一个 LED 指示

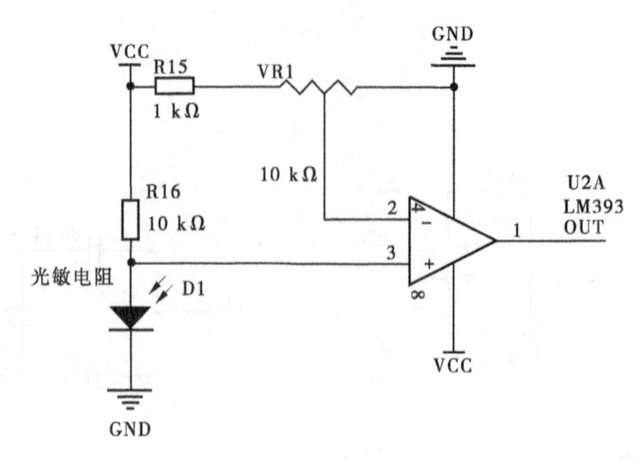

图 5-6　光检测模块

灯,来显示热释电红外传感器何时感应到人体存在;在 LED 指示灯后接一个 1 kΩ 的定值电阻,用来保护模块电路,同时稳定电压。LED 指示灯的设计能直观地显示设计的成功实现。本模块分为三个区域来模拟教室,每个区域是相互不影响的,保证了每个区域的独立性。人体存在检测模块如图 5-7 所示。

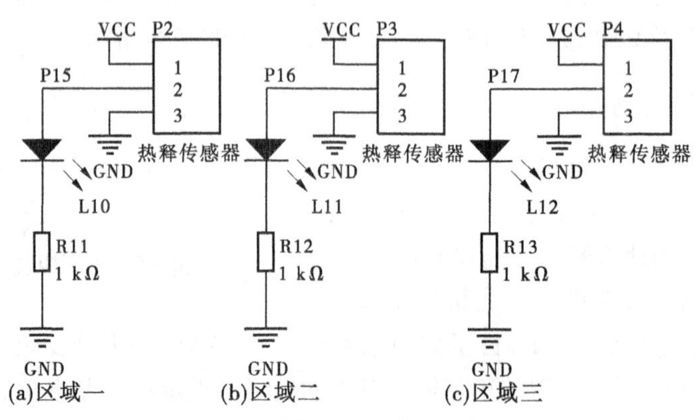

图 5-7　人体存在检测模块

5.3.5　灯光驱动模块

灯光驱动模块是最能体现设计成功实现的模块,稳定的驱动模块能保证灯光稳定的控制。

模块选择使用三极管驱动每组灯,使用的三极管是普通的 PNP 型三极管 S8550,发射极用来供电,基极连接一个 1 kΩ 的定值电路再接到单片机,用来接收信号以控制是否亮灯,集电极连接 3 个二极管并联起来的一组灯,代表教室的一盏灯，再接一个 100 Ω 的定值电阻用来稳压，防止电路被烧毁。S8550 三极管是一种普通开关型的三极管，同时具有低电压、大电流、小信号的特性，能完美地驱动每组灯。灯光驱动模块如图 5-8 ~ 图 5-10 所示。

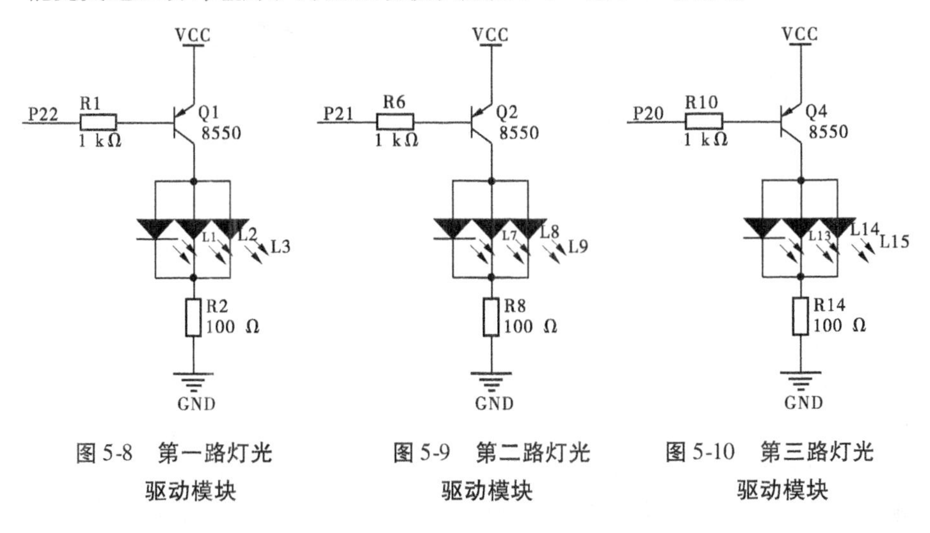

图 5-8　第一路灯光驱动模块　　图 5-9　第二路灯光驱动模块　　图 5-10　第三路灯光驱动模块

5.3.6　手动控制模块

任何自动控制的设计都需要一个手动控制模式，手动控制模式给管理人员更大的权限，在特殊情况下让管理人员更方便地管理灯光。

任何一个模块的设计都要考虑在应用时的实用性和方便性，系统在手动控制模块采用了最简便实用的按键开关设计。四个开关直接连接到主控单片机芯片上面，前三个按键每个按键都控制对应的一组灯，管理者能随自己心意控制任何一组灯，方便且实用。在灯和单片机之间模块连接一个 1 kΩ 的定值电阻，用来保护电路，防止 LED 灯被突然变化的电流烧毁。模块最后一个按键开关是控制系统的模式切换，本设计有两种操作模式，分别是自动模式和手动模式。模块还安装了两个 LED 灯来显示当前所处模式，绿色代表自动模式，黄色代表手动模式，让管理者能清楚系统当前所处的模式，不会产生错误的判断。模式指示灯电路和按键控制电路如图 5-11、图 5-12 所示。

5.3.7　报警模块

在手动模式的控制下管理者因为未知的一些情况，很可能会忘记自己手动打开的教室灯，使灯一直打开而浪费电能。系统在手动模式下设计了报警模块，模块通过蜂鸣器间歇鸣响和 LED 灯闪烁来提醒管理人员。

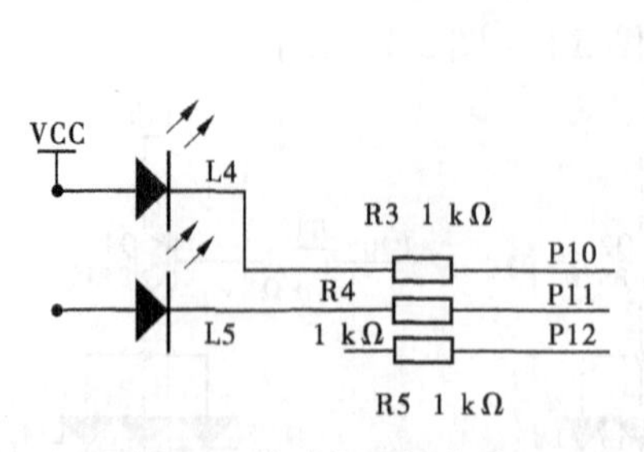

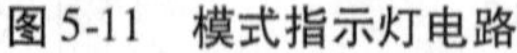

图 5-11 模式指示灯电路

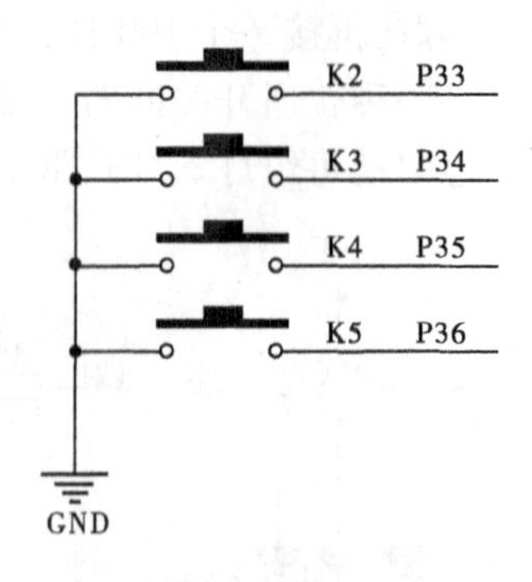

图 5-12 按键控制电路

蜂鸣器报警电路是由一个蜂鸣器接一个普通的开关型三极管 8550,三极管用来驱动蜂鸣器。三极管基极接一个 1 kΩ 定值电阻再接单片机输出端,定值电阻能保护蜂鸣器电路,稳定电压。LED 灯闪烁报警电路则由一个 LED 指示灯加一个 1 kΩ 的定值电阻构成;定值电阻直接连接到单片机上面。手动模式下打开灯,从人体存在检测模块没有检测到人体存在开始计时,灯亮的时间超过了设定的时间,模块会自动驱动蜂鸣器发出报警声,红色报警指示灯闪烁,来提醒管理人员,这样最大程度地避免了电能损耗。模块设定的时间是根据的软件程序设计实现的,可以通过软件编程改变,能适应各种情况,适合推广到各个高校。LED 灯闪烁报警电路、蜂鸣器报警电路如图 5-13、图 5-14 所示。

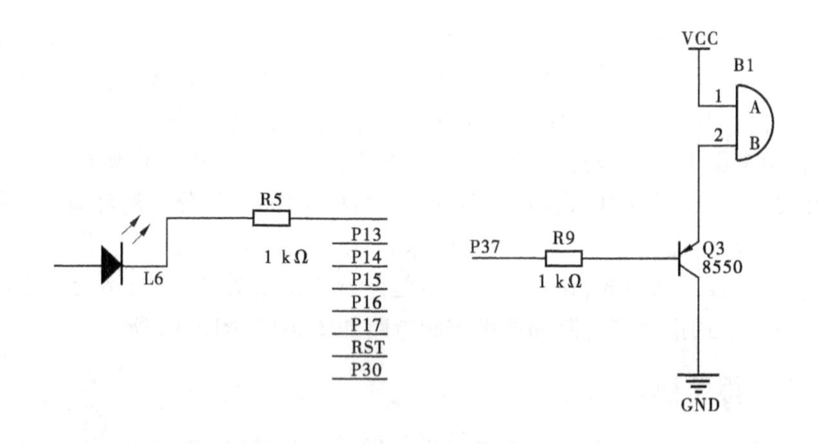

图 5-13 LED 灯闪烁报警电路　　图 5-14 蜂鸣器报警电路

5.4 系统软件设计

软件设计对于系统的重要性犹如大脑对于人的重要性,大脑控制思考,来决定人的一切行动。同样,软件接收采集模块发送过来的信息,对信息进行分析,控制所有功能实现。软件程序决定了所有功能能否按照设想成功地实现。

5.4.1 系统主程序

主程序就是设计的两种工作模式。首先判断设计处于哪种模式,AM = 0 设计处于手动模式,指示灯 LED2 黄灯亮,再判断是否有灯处于工作状态;有灯处于工作状态就用热释电检测是否有人体存在。当系统处于自动模式下,指示灯 LED1 绿灯亮,然后检测光强,光强低于阈值,用热释电检测是否有人体存在,有人亮灯,没人返回循环。主程序流程图如图 5-15 所示。

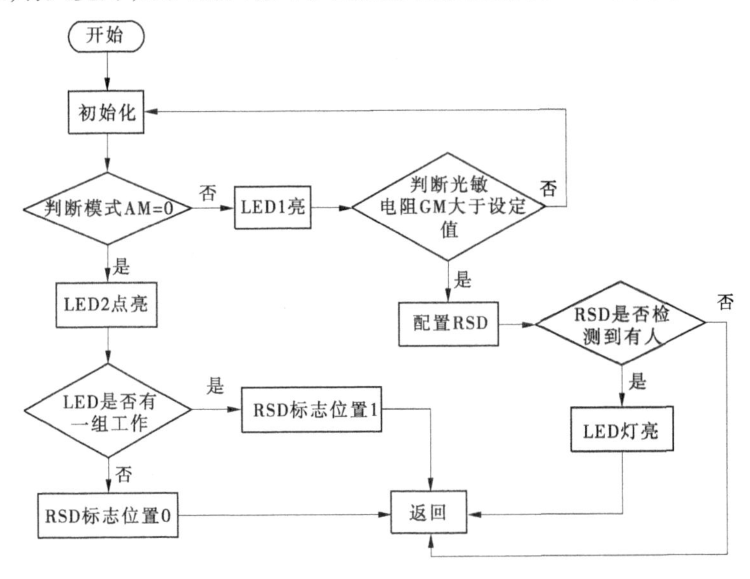

图 5-15 主程序流程图

5.4.2 报警子程序

本设计报警分为自动模式和手动模式,在手动模式下设计了一个灯打开但是没感应到人体存在,10 s 之后会自动报警的子程序,来提醒管理人员。

在手动模式下管理人员通过按键打开教室灯后,按键初始化,热释电红外传感器会检测是否有人体存在,没有人体存在,系统自动计时,当达到设定的时间后,会自动报警。在报警期间设计还是会持续检测人体存在,检测到人体存在会停止报警,所有按键功能初始化。报警子程序流程图如图 5-16 所示。

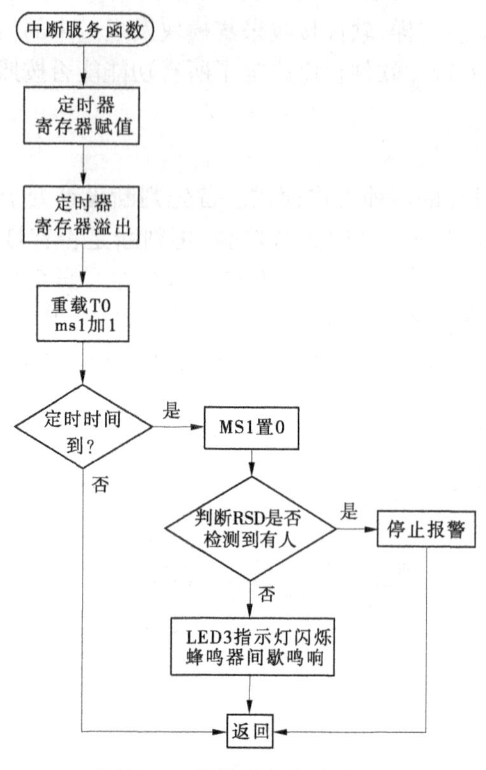

图 5-16　报警子程序流程图

5.4.3　灯光自动控制子程序

在自动模式下灯光是通过软件程序来自动控制的。当系统处于自动模式时,所有功能初始化。设计会先自动判定光强是否小于阈值,若大于阈值功能初始化,若小于阈值程序配置 LED 灯;通过热释电检测是否有人体存在,如果人体存在,LED 灯自动打开,如果人体不存在,则判断 LED 亮的时间是否到了,这个时间是通过程序设定的,若时间到了 LED 灯灭,功能初始化,若时间没到 LED 灯继续亮。灯光自动控制子程序流程图如图 5-17 所示。

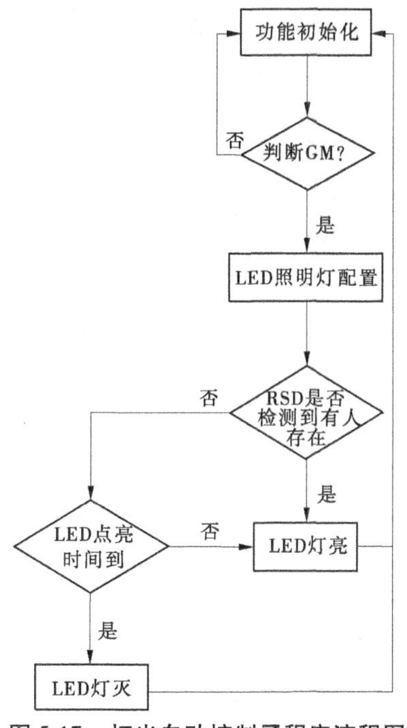

图 5-17　灯光自动控制子程序流程图

5.5　系统调试及结果分析

在系统设计的完成过程中,调试能否成功直接决定设计是否成功。在调试过程中,硬件调试和软件调试都是非常有必要的,任何一个环节出问题都会导致系统功能无法成功实现。调试对系统设计来说是一个发现问题然后解决问题的过程,解决这些发现的问题也相当于完善了系统的设计方案。

5.5.1　硬件电路调试

当硬件设计完毕后,第一步先进行硬件调试,提前测试所有使用的元器件是否完好,防止有的元器件损坏引起电子设备失灵或无法调试。然后将元器件按照设计手工焊接在冲印的 PCB 电路板上,这里要求制作人员对 PCB 板的制作和焊接有一定的熟悉。第二步,在焊接期间,每完成一个模块的焊接都要用万用表进行调试,确定目前阶段不会存在问题,这样如果设计出现问题就能马上找到原因。不但如此,焊接完毕后还要对每一个焊点进行检查,以确保每一个焊点都焊接牢固,防止出现连锡、虚焊、毛刺等现象。在前两步都完成后,第三步就是要对设计成品进行调试,检测设计在光线较暗,且有人体存在时会不会亮灯;手动模式下打开灯,检测不到人体存在会不会报警。下面就是设计在硬件调试时遇到的一些问题。

5.5.1.1 人体存在检测模块调试

人体存在检测模块是采用热释电红外传感器 HC - SR501 来检测人体存在的。这个型号的热释电红外传感器检测有一定的时间间隔,所以系统没有采用延时开灯。当人体温度和外界温度差不多时传感器灵敏度会明显下降,由于被动红外的穿透力比较差,人体的红外辐射很容易被一些物品遮挡导致检测失灵,这两个问题使设计受到很大的影响。为了使准确度提高,在安装的时候把探测器安装到一定的高度以减少一些额外热源的影响,比如热水。热释电红外传感器对人体存在的敏感度和人体的运动方向也有关系,选择一个合适的角度安装可以使热释电灵敏度更高,探测距离更远。热释电红外传感器也可以增加温度补偿,在夏天当环境温度跟人体温度接近时,会使探测距离变短,温度补偿能提供一定的性能补偿。

5.5.1.2 光检测模块调试

光检测模块是使用光敏电阻来感受光强变化确定是否开灯,需要光敏电阻能精确感知光强的变化,而光敏电阻在强光下光电转换线性较差。本设计是检测到昏暗的情况才需要点亮灯光,光敏电阻受温度影响大,响应较慢,本设计在光检测模块中加入了由 LM393 构成的双电压比较器,在外界环境温度对光敏电阻影响较大的时候,可以通过改变 LM393 双电压比较器的基准电压,来提高光敏电阻的灵敏度,减少环境对设计的影响。

5.5.2 软件系统调试

在进行软件调试时,分别对每一个模块进行了单独的测试,这样能系统地完成整个工程,提高调试程序的效率,方便快速地找出程序编写过程中出现的每一个问题,并快速地找出解决方案。同时对每一个模块都起到检查的作用,能最大程度地保证软件程序的正确。

首先测试最小系统,检测单片机的振荡电路与复位电路,然后分别测试 LED 灯、蜂鸣器、按键等基础功能,确保所有器件都没问题后,对热释电红外传感器和光敏电阻进行编程,最后根据系统需要,编写主函数,并对其进行检测,实现预期设计的系统的功能。

在所有的单个模块都能够完整且成功实现后,用主函数把全部的单个模块综合在一起。在实际调试过程中,每一个小模块实现起来都没问题,按照相应产品的说明书以及查阅一些相关资料,最终都是能够实现出来期望的效果。但是当综合到一起的时候出现了一些问题,某些指令不能够正确地发送和接收,导致电路功能不能够完整地实现出来。当出现这些问题后,开始不断地查阅资料,对系统程序进行修改,最终解决了所有问题,得到想要的结果。

5.5.3 测试结果及数据分析

在系统设计实物的制作过程中,测试灯光自动控制的效果是一项很重要的工作,因为这是最直观、最能反映设计是否成功的标准。下面简单表述一下设计测试结果的数据分析。

由表 5-1 可知,人体运动方向跟热释电红外传感器检测方向横切面的角度不同,检测距离也不同,人体运动方向跟热释电红外传感器检测方向横切面越贴近,检测距离越远。

表 5-1 人体存在检测距离结果

与横切面角度(°)	0	45	90	135	180
检测距离(m)	3.7	2.5	1.6	2.7	3.5

注:测试方法是将本设计平行放置,选用其中一个热释电红外传感器,然后让人分别沿着测试角度直走,直到热释电红外传感器检测不到人体的存在,即为该角度的最大检测距离。

由表 5-2 可知,热释电红外传感器的检测范围最大半径为 2 m。

表 5-2 人体存在检测覆盖半径结果

摆放高度(m)	0.5	1	1.5	2.0	2.5
覆盖半径(m)	0.46	1.0	1.7	2.2	2

注:测试方法是将设计放在需要测试的高度,让热释电红外传感器对着地面,人在各个方向从远处走过来,标记最先感应到人体存在的点,算出覆盖半径。

通过对热释电红外传感器两组数据的结果对比,能确定安装本设计的最佳位置,准确设计好教室分布的位置。

5.6 总 结

本设计根据要求确定系统设计方案,实现了教室灯光的自动控制的功能。系统主要将光敏电阻的光检测和热释电红外传感器的人体存在检测收集信息,传输到单片机 STC89C52 芯片。当光强较弱,小于设定阈值的时候,检测到人体存在会自动开灯，人走后会灯自动熄灭。当光比较亮的时候，有没有人都不会开灯。本设计还设有手动模式，方便管理人员操作，在手动模式下还设有报警模式，防止管理人员忘记关灯，很大程度地避免了电能的损耗。本章制订出了比较适合的系统设计方案。使用了一些成熟的模块，比如热释电红外感应模块 HC - SR501、电源 DC 连接口等，既降低了设计制作期间的制作难度，又能节省时间，还更好地达到了设计的目的。主要工作体现如下：

(1)在系统设计方案方面，对比各种设计的优缺点，选出了较为合适的系统设计。比如当释电红外传感器感应到人时 LED 灯亮，能直观看出设计的成功实现等。

(2)在元器件选取方面做了认真对比，选取比较合适的元器件，保证本设计能完美实现。增加一些定制电阻防止电路被烧毁。比如，对比光敏电阻和光敏三极管，通过比较光敏电阻更适合本设计方案，在每个模块都增加定值电阻来起保护作用等。

(3)在进行热释电红外传感器灵敏度实验时，通过多次测试得出，在感应人体存在时，人体运动方向最好在热释电红外传感器的横切面方向，这个方向的热释电感应最为灵敏，探测距离也更远。

(4)在进行热释电红外传感器的检测距离实验时，根据实验结果得知，检测距离最好在 10 cm 到 4 m。

(5)通过对热释电红外传感器的检测距离和覆盖范围半径进行试验，确定了热释电红外传感器的最佳安装位置。在教室顶部距地面 2 ~ 3 m 处，能避免一些小动物或者额外热源等的干扰，还能最大提升灵敏度，最大程度地利用其性能。

本设计用到了光敏电阻，进行了一部分实验数据的采集及分析，找到了合适的感应到人时灯打开的阈值，最大程度地节约能源。但由于没有考虑到要如何明显区分模式，以及如何确定热释电红外感应模块感应到人时灯才亮，没有设计指示灯，导致设计走了许多的弯路。本设计还有很多东西不够完善，在很多方面都存在一定的不足，还需要进一步的改进。比如：

(1)增加时钟模块，让设计可以储存每天的课表和上下课时间，自动控制关灯时间。

(2)增加计数模块，在感应人体存在的同时，还能准确地知道教室内有多少人，能更准确地判定应该开几盏灯。

(3)增加无线传输和无线报警功能，让学生和管理人员能够通过手机 APP 或者蓝牙，在手机上面操作灯光，或者通过短信能够接到报警信息，以防管理人员不在控制模块附近,接收不到报警的信息。

(4)系统程序也有待优化,本设计只能简单地控制教室灯的开或者关的基本功能,不能根据光强和学生要求控制灯光亮度。

参考文献

[1] 施美芬. 校园能源监管平台解决方案[J]. 硅谷,2015,1(1) :199-200.

[2] 贾正松. 基于单片机实现智能照明控制系统的设计[J]. 现代电子技术,2009,17(1):19-21.

[3] 梁佩莹,蔡忠岳,陈培宏,等. 教室灯光智能控制系统的设计[J]. 电子测量技术,2014,37(09):83-87.

[4] 易金桥,黄勇,廖红华,等. 热释电红外传感器及其在人员计数系统中的应用[J]. 红外与激光工程,2015(4) :1186-1192.

[5] 刘军德,赵乘麟,周丽莉. 基于嵌入式系统的教室照明控制系统的设计与论述[J]. 电子世界,2016,1(2) :47-50.

[6] 张志成. 教室灯光自动控制器[J]. 通讯世界,2016,3(12):5-8.

[7] 赵玉安. 人体热释电红外传感器介绍[J]. 中国电子制作,2006,9(5):45-50.

[8] 王良升,郭杰荣,黄民,等. 基于热释红外传感器无人值守的安全控制系统[J]. 湖南文理学院学报(自然科学版),2015(1):3-4.

[9] 叶端南. 高校多媒体教室中央控制系统的研究[J]. 电子测试,2017,1(18):2-3.

[10] Miao Wang. Design andimplementation of a gain scheduling controllerfor a water level control system [J]. IEEE Trans Contol Syst Technol,2008,2(11):21-32.

[11] 胡启迪,熊刚. 智能教室用电管控系统设计[J]. 自动化技术与应用,2016,1(11):1-2.

[12] 廖道欢. 多媒体教室的人工智能化设计研究[J]. 电脑知识与技术,2016,1(03):2-3.

[13] 俞海珍,李宪章,冯浩. 热释电红外传感器及其应用[J]. 电子照明术,2006,7(20):45-47.

[14] 王威,等. 基于 Proteus 和 Kei 1 的单片机虚拟仿真平台的设计[J]. 上海电力学院学报,2009,6(2):4-5.

[15] 路成. 校园多媒体教室系统解决方案[J]. 数字社区 & 智能家居,2008,3(1):3-6.

[16] 乔梁. 基于集中控制系统多媒体教室设备的功能与管理探讨[J]. 中国新通信,2016,5(18):2-7.

[17] 刘虹. 发光二极管照明国家发展预测模型研究[J]. 天津大学校报,2005,2(12):1-2.

第6章　多功能智能台灯的设计

6.1 引　言

随着科学技术的飞速发展,各种各样的高科技产品无疑都对提高人们的工作效率和生活品质有着巨大的贡献。然而人们似乎一开始并没有太在意这些产品在生产过程中对环境造成的伤害,导致了这些年来环境问题日益突出,甚至已经严重影响到人们的日常生活,这与可持续发展观相违背。现如今的教育水平也不断提高,随之相伴的却是学生们写不完的作业和越来越重的学习压力,这就导致了我国青少年的近视发病率急剧提高,严重影响了青少年的身心健康。

LED照明技术趋于成熟,西方部分国家拥有最核心的照明技术,代表品牌有欧普、飞利浦、松下等,这些品牌逐步研发出了自己的智能台灯,整体发展水平要领先于国内。国内市场上的大部分台灯已经使用LED作为光源,而这些台灯的功能比较单一,仅仅能够满足基本的照明需求,仅仅从光源的替换上做到节能。有少部分台灯具有智能化功能。近几年,国内设计师在智能台灯研发方面也很成功。柴君夫基于光学设计理论,用STM32、照度传感器、超声波传感器、温度传感器、人体红外传感器等设计出了一款可以保护视力的智能台灯;魏炽旭等以STC89C51单片机为主控芯片,结合热释电红外传感器、红外测距传感器、光敏电阻等设计出了一款能自动感应、坐姿报警的台灯;马大坚等设计出了一款基于Android控制的智能台灯,可以通过手机APP来控制台灯,而这款台灯的人体检测模块是用来防盗的,当有人入侵房间时,台灯会通过GSM模块发送信息到用户手机,确保房间的安全。

本设计使用STC89C52单片机作为核心处理器,通过控制热释电红外传感器、红外对管传感器、光敏电阻传感器、蜂鸣器等,设计了一款多功能智能台灯。当台灯检测到人体并且环境光线较弱时,能够自动开灯,使用台灯的过程中,还可以检测人体坐姿,若坐姿不规范,台灯及时报警。在使用台灯时可以达到根据需要自动开关灯、纠正学生坐姿、防止近视、节约能源的目的。该台灯的设计对以后智能台灯的发展及更大的智能照明系统有着十分重要的意义。

6.2 系统方案选择

本系统使用了部分模块:热释电红外传感器模块、红外对管检测模块和光敏电阻模块,以 STC89C52 为核心处理器,设计了一款智能台灯,该台灯具有智能纠正坐姿、防止近视和驼背、自动开关灯的功能。

6.2.1 核心处理器的选择

方案一:使用 AT89C51 单片机。

方案二:使用 STC89C52 单片机。

方案三:使用 STM32F103RCT6 单片机。

虽然 STC89C52 单片机使用的内核同其他 STC89C51 单片机一样,都是 MCS - 51,但是经过不断实验和改进之后,STC89C52 已经具有许多以往的 STC89C51 单片机不能相比的功能。STC89C52 单片机相对于普通的 STC89C51 单片机来说,最大的不同点就是:一般的 51 系列单片机的程序存储空间只能达到 4Kbit,而 STC89C52 单片机的程序存储空间是 STC89C51 单片机的 2 倍,另外 STC89C52 单片机还具有 512 字节的 RAM,可以随时读写,速度也非常快,成本也比较低。STM32 有强化的外设接口,定时器多达十几个,内部的 RAM 和 ROM 也大得多,但对于本设计而言,若使用 STM32 单片机,显得有些大材小用,并且会造成许多资源的浪费。

本设计选择使用 STC89C52 单片机。

6.2.2 测距方案的选择

台灯的坐姿检测模块中要使用到测距传感器,有以两种方案:

方案一:使用超声波测距传感器。

常用的超声波测距传感器是 HC - SR04,该传感器的检测距离一般在 2 ~ 400 cm,通过增大传感器中的电阻阻值,就可以将检测距离增加到十几米,HC - SR04超声波测距传感器的检测精度可以达到 3 mm,检测角度也可以随着电阻的大小来变化,电阻越大,增益越高,HC - SR04 的检测距离和检测角度越大。HC - SR04 的检测距离也有一定的盲区,一般来说,HC - SR04 的盲区是前方 2 cm 内。检测原理就是传感器发出超声波,超声波碰到障碍物会返回,计算从发出到接收反射回来信号的时间,用时间的一半乘上声速即可得到障碍物的距离。

方案二:使用红外对管传感器。

红外对管传感器上面有一个发射管和一个接收管,首先由发射管发射出一条特定频率的红外线,此时,红外对管传感器的接收管等待接收遇到障碍物反射回来的信号,红外线碰到障碍物(反射面)后会反射回来,由接收管接收,之后,红外传感器的输出端会向单片机发出一个信号,使单片机进行下一步工作。

在实际的检测过程中,如果是对于12~20 m的远距离,利用超声波测距传感器比较好,此时超声波传感器的精准度也比较高,范围也比较广,但是对于本设计的多功能智能台灯来说,需要检测的距离最远也只有几十厘米,用超声波测距传感器检测近距离障碍物,会大大降低灵敏度。超声波传感器工作时发出的是频率为40~45 kHz的声音,但是,其他的机器也可以发相同频率的声音,这就难免会使超声波传感器接收到错误的信号,造成超声波传感器工作紊乱。此外,超声波传感器工作的时候,对于障碍物的反射角度要求也高,必须是平面的。显然,在本设计中,超声波传感器不如红外对管传感器检测得更准确。

基于以上种种原因,本设计决定使用红外对管传感器作为纠正坐姿模块的检测装置。

6.2.3 报警方案的选择

在坐姿纠正中,实现报警的方式有两种:一种是以LED灯闪烁提醒来实现报警功能,另一种就是使用蜂鸣器发“嘀嘀”的声音来实现报警功能。

如果使用LED灯闪烁来提醒学习者改正自己的坐姿,LED灯光的闪烁会对学习者的眼睛产生伤害。而使用蜂鸣器发出声音来提醒学习者纠正坐姿,就不会对学习者的眼睛有影响,并且会更直观、更及时地提醒学习者。

6.2.4 人体感应方案的选择

方案一:热红外人体感应器。

方案二:热释电红外传感器。

方案三:微波感应器。

热红外人体感应器对于静态时的人体检测较为灵敏,住宅小区的楼梯、走廊等公共场所大多会使用这种感应器,探测距离可达12 m,范围宽达180°,工作电压为180~250 V。工作电压太高不适合应用于小系统。热释电红外传感器能够感应人体发出的特定波长,该波长大约为 10 μm。其他物体不会发出和人体相近长度的红外线,所以也不会影响到传感器工作的稳定性。热释电的检测距离为 2 m,一般会在探头处加上菲涅尔透镜,可以将检测信号放大到 70 dB 以上,距离增加到接近 7 m。微波感应器应用的是多普勒效应,只能检测移动的物体或人体,当学习者使用台灯时,几乎是静止的状态,不符合微波感应器检测的条件。综上所述,人体感应方案选择热释电红外传感器模块。

6.2.5 光强采集方案的选择

方案一:使用光敏二极管传感器采集光强。

方案二:使用光敏电阻传感器采集光强。

两种传感器的内部电路几乎没有什么差别,成本方面也都比较低,而且两者的作用都是采集光强。虽然光敏二极管传感器比光敏电阻传感器对光强更加敏感,但光敏二极管传感器更多的是用在需要感知固定方向光源的情况。本设计所需采集的是台灯周围环境的光强,使用光敏电阻传感器更为合适。

6.3 硬件电路设计

本设计的主要内容是:由人体感应模块检测台灯周围是否有人,同时,光强采集模块采集台灯周围环境的光线强弱,如果光线较弱且有人要使用台灯,台灯就会自动开灯,在使用的过程中,距离检测模块不停地检测着学习者的坐姿是否正确,如果坐姿错误,单片机会发送信号给报警模块来提示学习者纠正坐姿并开始延时,及时纠正坐姿,蜂鸣器就会停止报警,台灯正常照明,在延时时间内不纠正坐姿,单片机则停止驱动照明模块和报警模块。系统总体框图如图 6-1 所示。

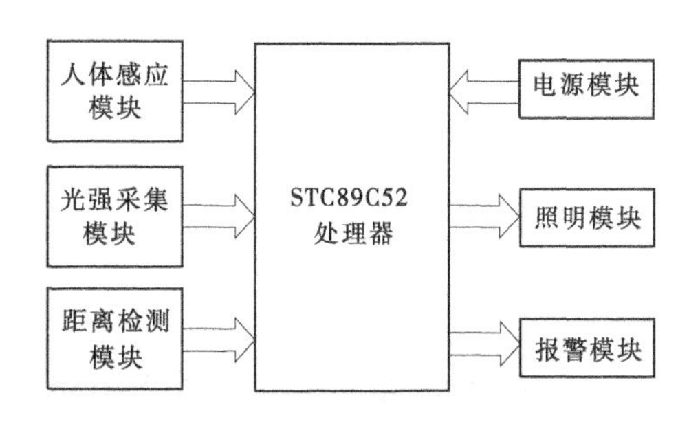

图 6-1　系统总体框图

6.3.1 单片机控制模块

单片机用来处理各个信号模块传送过来的数据,并发送指令给照明和报警模块,使其正常工作。系统采用 STC89C52 作为核心处理器,该处理器有 32 个 I/O 口,并且还有专门下载程序的串口,使用较为方便。

6.3.1.1 晶振电路

STC89C52 单片机自身具有一个振荡电路,使用该振荡电路时,需要在单片机的外部连接上一个石英晶体,将石英晶体与单片机的 18 号引脚和 19 号引脚相连接,就可以构成一个简单的自激振荡器,从而在单片机内部能够快速产生所需要的时钟脉冲信号。为了稳定频率还有快速起振,就需要在石英晶体另外一端连接两个电容值都为 30 pF 的电容 C1 和 C2。时钟电路如图 6-2 所示。

6.3.1.2 复位电路

单片机的复位电路由电阻、复位开关和极性电容构成。复位方式有两种,分别是上电复位和手动复位。上电复位:系统通电时,电容处于短路状态,电源不断给电容充电,单片机的复位引脚此时为高电平,当电容充满电时,复位引脚变为低电平,单片机开始工作。手动复位:按下开关,瞬间将充满电的电容进行放电,之后,就会再次重复上电复位的步骤。复位电路如图 6-3 所示。

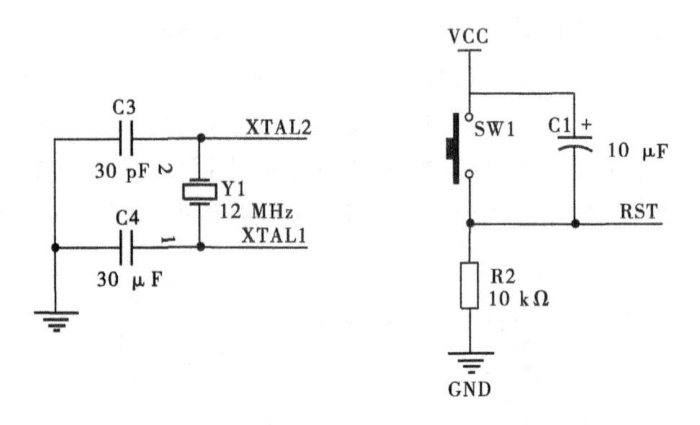

图 6-2 时钟电路　　　图 6-3 复位电路

6.3.2 电源模块

电源是一套系统中最基本也是最重要的部分,没有电源,任何器件都不能工作。本设计中所使用的元器件的工作电压都可以用 5 V 电源,该模块使用 USB 转 DC 插座来供电,插座和系统中间用自锁开关来控制。为了在系统工作中更直观地分辨出是否通电，还加了一个电源指示灯。电容可以有效地保护电路，防止系统通电时电压的突变导致元器件被烧坏。DC 插座有 3 个管脚，1 号引脚接电源，2、3 号引脚接地。电源电路如图 6-4 所示。

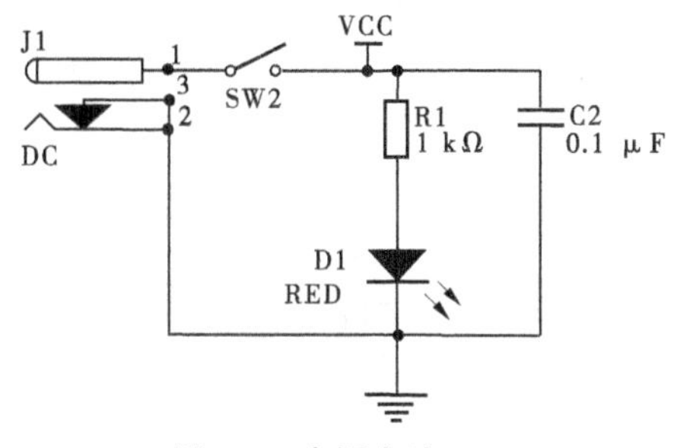

图 6-4　电源电路

6.3.3　感应模块

系统选用的感应模块是 HC－SR501 热释电红外传感器模块，用来感应台灯周围是否有人。HC－SR501 的工作电压为 4.5～20 V，本系统采用的统一供电电压为 5 V，该传感器加上菲涅尔透镜后对人体发出的特定波长的红外线极其敏感。该传感器有两种触发方式，分别为可重复触发和不可重复触发，为了让台灯在没有遇到特殊情况下可以持续工作，本模块选择可重复触发方式。该模块内部有 BISS0001 芯片，是一种性能较高的传感信号处理集成电路，能够放大和准确处理传感器发送的传感信号并传输给单片机，有利于提高系统工作的稳定性。本模块有 3 个管脚，1 个信号输出管脚，与单片机相连，另外 2 个分别接在电源和地。该模块连接电路和内部电路如图 6-5、图 6-6 所示。

6.3.4　光强采集模块

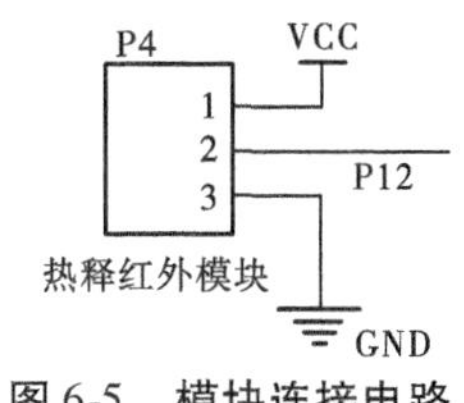

图 6-5　模块连接电路

光强采集模块选用的是三针制的光敏电阻传感器，工作电压和红外对管传感器一样均为 3.3～5 V，功耗较低。光敏电阻传感器是一个利用光敏元件能够将采集到的光信号转换为电信号的传感器。模块内部有一个 LM393 电压比较器、电源指示灯和开关指示灯。电源指示灯是用来判断模块是否正常通电，开关指示灯发亮表示环境光线较强，不发亮表示环境光强较弱。模块共有 3 个管脚，1 个接 VCC，1 个接地，

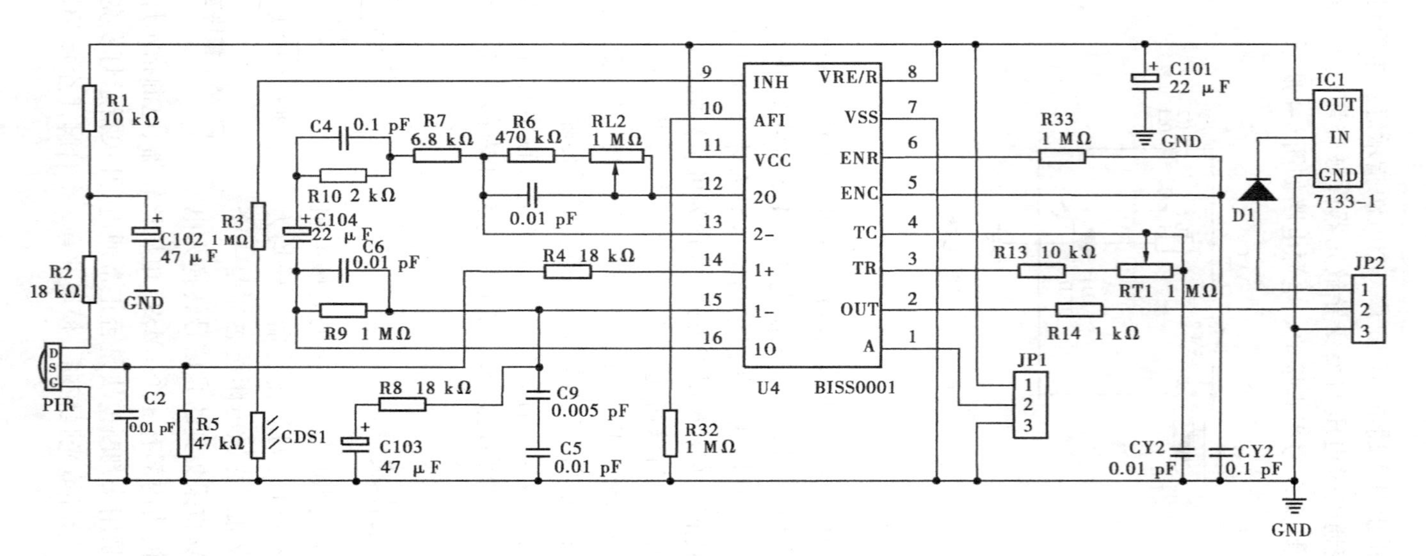

图 6-6　HC－SR501 内部电路

另外 1 个端口是数字信号输出端口,直接与单片机的 I/O 口相连,可以将采集到的光信号转换为电信号之后发送数字信号 0 或者 1 给单片机进行处理。光强采集模块内部电路和光敏模块电路如图 6-7、图 6-8 所示。

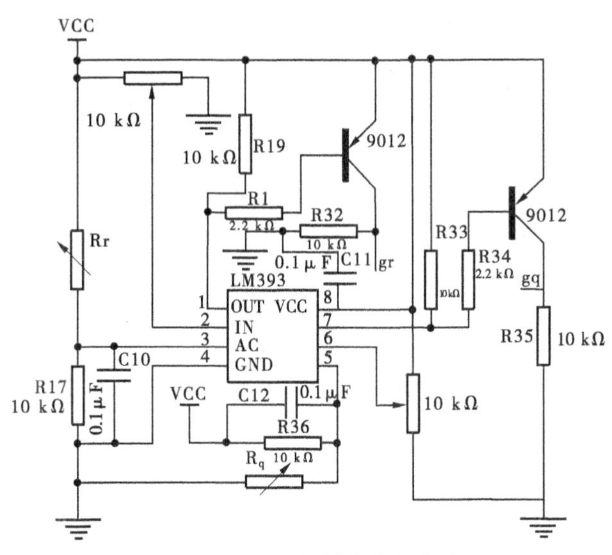

图 6-7 光强采集模块内部电路

6.3.5 距离检测模块

为了实现纠正坐姿的功能,本系统采用红外对管传感器,工作电压为 3.3 ~5 V,可以直接与电压为 3.3 V 或 5 V 的单片机配合使用。红外对管传感器的连接电路图如图 6-9 所示,一共有 3 个管脚,1 个接到 VCC,1 个接地,另外 1 个就是输出端口,与单片机相连。

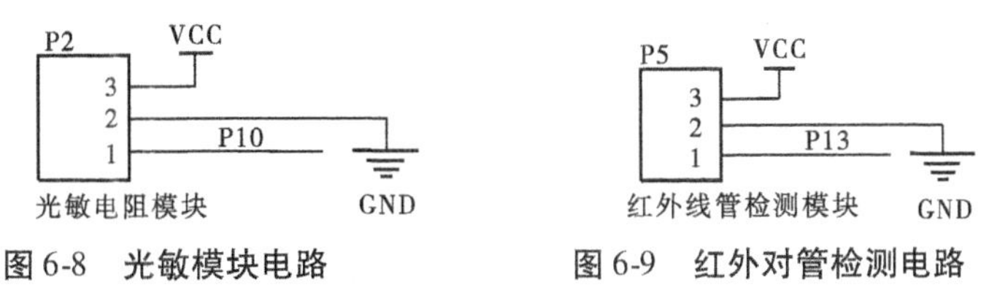

图 6-8 光敏模块电路　　图 6-9 红外对管检测电路

6.3.6 照明模块

照明模块选用 LED 发光二极管作为光源,由于耗能较低可有效避免光污染。LED 灯的发光系统是自发性的,是电子与空穴之间的相互复合作用下产生的。发光二极管体内的电子与空穴复合作用过程中产生的能量转化为光能输出,当加一个正向电压给 PN 结后,N 区电子在电场的作用下向 P 区移动,同时 P 区的空穴也会受电场作用向 N 区移动,P 区的电子和空穴分别与 N 区的空穴和电子复合,这时,电子和空穴的结合就会释放出能量,从而使 P 区和 N 区都能够发出亮光。连接电路时,需要有一个分压电阻防止 LED 灯被烧坏,照明模块电路如图 6-10 所示。

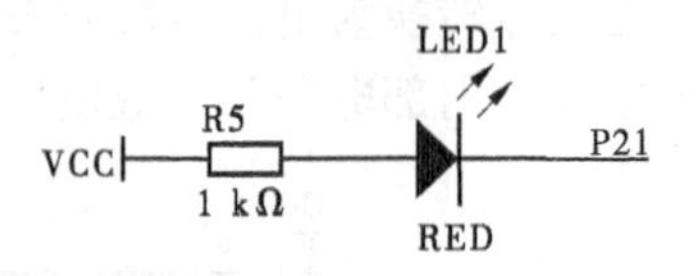

图 6-10　照明模块电路图

6.3.7　报警模块

报警模块电路由 0905 有源蜂鸣器、9012 PNP 型三极管、电阻三部分组成,蜂鸣器两个端口,正极连接 VCC,负极连接到 9012 三极管的发射极,三极管的基极通过一个 10 kΩ 的限流电阻连接到了单片机的 I/O 口,集电极直接与地相连。本电路使用了 PNP 型三极管进行放大电路,当学习者坐姿不正确时,单片机会发送低电平使三极管处于导通状态,此时,蜂鸣器就可以发出响声正常工作。蜂鸣器报警模块的电路如图 6-11 所示。

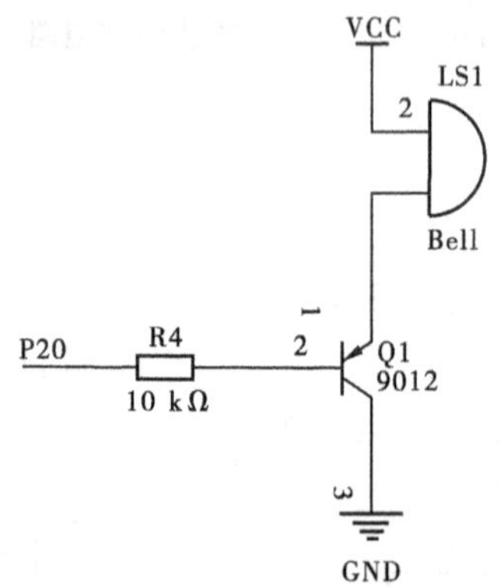

图 6-11　蜂鸣器报警模块的电路

6.4　系统软件设计

6.4.1　主程序设计

系统开始工作时,首先要判断是否满足两个条件:第一个条件是有人进入到热释电红外传感器检测范围内，第二个条件是环境光线较暗。如果检测结果都为是，此时单片机判断需要开灯并且会驱动 LED 灯使其发亮。如果检测结果没有全部满足这两个条件，则不会驱动 LED。

LED 灯亮的过程中，红外对管传感器会一直稳定工作以检测障碍物是否存在，如果有障碍物，传感器的输出端口就会持续输出低电平给单片机，单片机判断出低电平后，就会驱动蜂鸣器发出报警声。

当红外对管传感器的前方有障碍物存在时，蜂鸣器就会报警，并且同时会有延时，延时的目的是：如果学习者的坐姿错误并且在规定时间内不纠正坐姿，能够停止单片机对 LED 灯的驱动。学习者可以通过按下复位键来继续使用该台灯。若学习者在延时时间之内纠正了自己的坐姿，LED 灯不会自动熄灭，而且蜂鸣器会及时停止报警。主程序流程如图 6-12 所示。

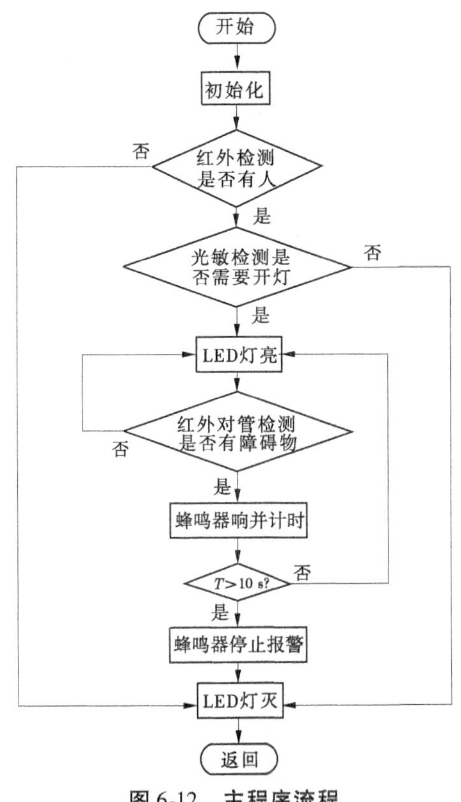

图 6-12　主程序流程

6.4.2 照明子程序设计

光敏模块输出端口与单片机 P1.0 引脚连接,检测到环境光线较弱时,发送数字信号 1 给单片机,拉高 P1.0 管脚;P1.2 管脚定义为热释电管脚,检测到人体时,热释电模块将发送高电平,拉高单片机的 P1.2 管脚。若同时满足管脚 P1.0 输入信号 1 和 P1.2 输入信号 1,单片机会使 P2.1 管脚输出低电平信号,LED 灯发亮。照明子程序流程如图 6-13 所示。

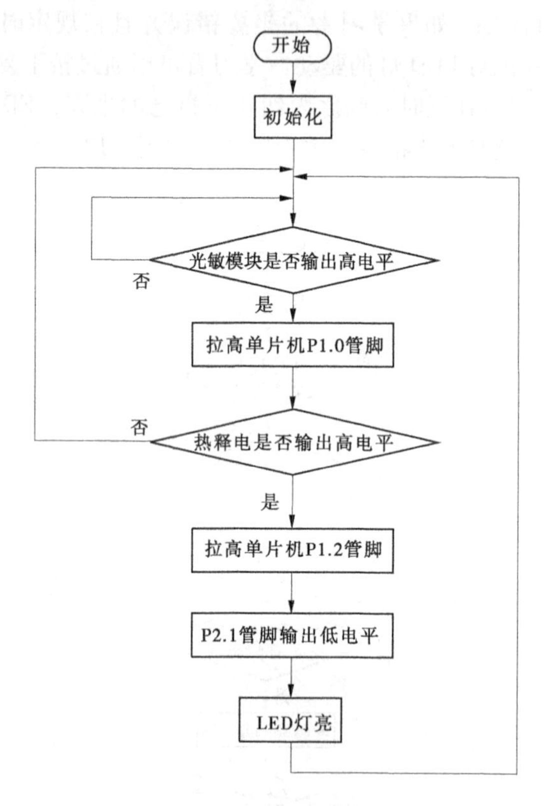

图 6-13 照明子程序流程

6.4.3 报警子程序设计

定义单片机的 P1.3 口为红外对管引脚,P2.0 口为报警管脚。使用台灯时,若检测到学习者坐姿不正确,红外对管模块将持续发送低电平信号给单片机,同时会开始计时。如果在 10 s 内纠正坐姿,单片机会停止驱动蜂鸣器,不影响台灯照明;当学习者超过 10 s 不纠正坐姿时,单片机将 P2.0 和 P2.1 口置为高电平,使 LED 停止照明且蜂鸣器停止报警。报警子程序流程如图 6-14 所示。

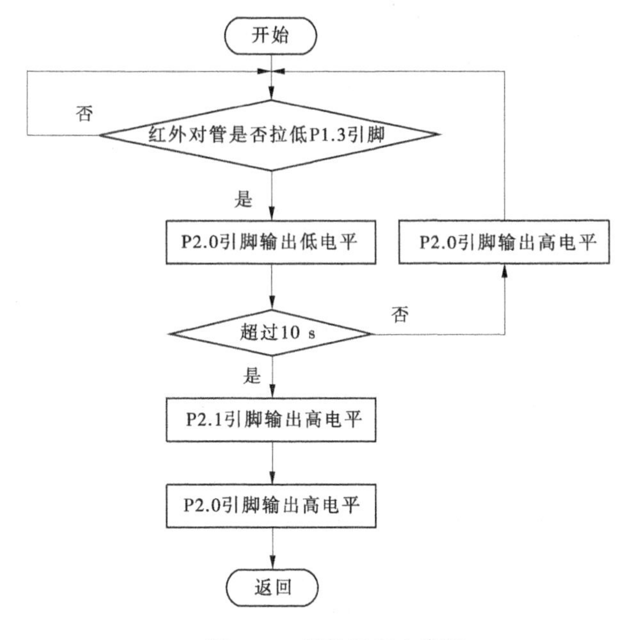

图 6-14　报警子程序流程

6.5　系统调试及结果分析

6.5.1　系统调试

完成实物的制作后,并不能达到理想的工作状态,检测模块的范围还不能够确定。虽然可以通过查阅资料了解到检测模块的官方数据,但在使用过程中需进一步调节和验证数据。根据模拟生活中的实际情况,将各个检测模块的检测范围调到一个符合日常使用需求的范围,以提高台灯的准确性和实用性。本系统主要对台灯的感应模块和距离检测模块的检测角度和距离做了调试。

6.5.1.1　热释电红外传感器调试

加了菲涅尔透镜的 HC－SR501 热释电红外传感器的检测角度为 100°锥角区域,检测距离最远达到 7 m。考虑到大多情况下,台灯主要用于小范围空间,将距离调到 2 ~ 3 m 即可。实验员分别从台灯左侧、右侧进入检测区域,测量了角度范围和距离,测得数据如表 6-1 ~ 表 6-5 所示。

表 6-1　从左侧进入

角度(°)	55	50	48	45	30	0
LED 灯	不亮	不亮	偶尔亮	亮	亮	亮

表 6-2　从右侧进入

角度(°)	50	48	46	43	30	0
LED 灯	不亮	不亮	不亮	偶尔亮	亮	亮

表 6-3　左侧距离

距离(m)	1	1.5	2	2.6	2.8	3
LED 灯	亮	亮	亮	亮	不亮	不亮

表 6-4　右侧距离

距离(m)	1	1.5	2	2.7	2.9	3.5
LED 灯	亮	亮	亮	亮	不亮	不亮

表 6-5　正前方距离

距离(m)	2	2.5	2.8	3	3.5	3.8
LED 灯	亮	亮	亮	亮	亮	不亮

6.5.1.2　红外对管传感器调试

红外对管传感器的官方检测范围是:35°圆锥区域,距离为 2 ~ 30 cm。本系统对检测角度和距离进行了调试,如果有障碍物进入传感器的检测范围,蜂鸣器则会发出报警声。调试数据如表 6-6、表 6-7 所示。

表 6-6　圆锥角度

角度(°)	35	30	28	25	20
蜂鸣器	不报警	不报警	不报警	报警	报警

表 6-7　检测距离

距离(cm)	30	25	23	20	18
蜂鸣器	不报警	不报警	不报警	报警	报警

6.5.2　结果分析

由测得的实验数据可知,在台灯前方大约 90°锥角区域内对人体存在与否反应比较灵敏,在正前方,可感应到大约 3.5 m 内的人体活动,左侧和右侧的感应距离没有正前方远,大约有 2.6 m。在坐姿纠正中,距离检测模块的范围是:前方 25°锥角区域,可测得的距离大约为 20 cm。在数据测试中,最好在空房间内进行,因为如果房间内人数较多,会影响到热释电红外传感器的准确性。传感器的检测范围影响了安放位置,热释电红外传感器可检测的范围较大,应安放在台灯的灯柱上,而红外对管传感器检测的范围较小,应安放在台灯的灯头处。

6.6　总　结

系统以 STC89C52 单片机为核心,配合 HC－SR501 传感器、红外对管传感器、光敏电阻传感器等制作了一种多功能智能台灯,能够根据需要自动开灯、提示纠正坐姿和及时熄灭台灯,达到了预期的功能。本文做的主要工作如下:

(1)对国内外智能台灯设计方案进行了分析研究,设计出了适合本系统的最佳方案,并做了适当修改。

(2)根据系统方案,针对各个模块,对比选择了适合该方案的元器件,为了保护电路,适当加了一些电容、电阻等,以确保系统能够正常工作,达到预期效果。

(3)对焊接的实物,模拟日常生活中对台灯的需要,调节并测试了热释电红外传感器和红外对管传感器的检测范围。

(4)根据传感器的具体检测范围数据,考虑到台灯主要在卧室里和学习桌上使用,确定了传感器的安放位置,当有人进入卧室或靠近学习桌时,台灯可以自动感应,检测距离不用过远。

本系统使用了许多传感器模块,如热释电红外传感器、光敏电阻传感器、红外对管传感器,大大提高了工作效率。由于在制作设计实物之前没有很全面地考虑一些问题,导致后期制作过程中遇到不少麻烦。理论联系实际,但理论和实际完全不一样,理论上讲得通的,到了实物制作的时候,就会完全是另外一种情况,甚至实际比理论更重要。这是一次深刻的教训同时又是一次经验的积累。虽然已经完成了智能台灯的基本功能,但由于时间限制和经验不足,本系统还不够完善,还可以加上另外一些功能,如:①显示时间,学习者可以直接通过台灯知道现在是几点钟,较为方便;②播放音乐功能,当学习者因长时间学习而疲惫的时候,可以使用智能台灯播放音乐来放松自己。

虽然市场上已经出现了一些智能台灯,但还没有做到真正的普及。相信在未来几年内,功能更全面的智能台灯将会步入人们的生活。希望本设计的台灯对更大的智能照明系统的研发会提供帮助,对节约资源、纠正坐姿预防近视有深远意义。

参考文献

[1] 魏炽旭,林泉康. 基于51单片机的智能台灯设计[J]. 电子制作,2017,14(01):40-41.

[2] 程文杰,何人可,刘瀚檐. 基于单片机89S51的智能照明系统的设计[J]. 中国仪器仪表, 2011,22(07):29-31.

[3] 成凤敏. 智能LED台灯的设计与实现[J]. 唐山学院学报,2015,28(03):34-36.

[4] 陈俊儒,赵伟,高耀宇. 多功能智能照明系统[J]. 电子世界,2014,16(16):491-493.

[5] 艾生辉,王泽华,温军,等. 基于单片机的多功能护眼灯[J]. 科技创新与应用,2017,15(30):25-27.

[6] 田军委,肖清林,张波,等. 智能护眼台灯设计[J]. 电子设计工程,2015,23(17):161-163.

[7] 梁计锋,刘瑞妮,尤国强. 智能护眼台灯电路的设计[J]. 电子设计工程,2015,23(20):155-157.

[8] 金衡,邓松坤,宛铮,等. LED智能多功能台灯[J]. 科技视界,2012,11(11):36-38.

[9] 朱政. 智能LED台灯的设计研究[J]. 教育教学论坛,2017,36(47):76-77.

[10] 宋汝洋. 台灯亮度自动调节电路的设计[J]. 中国新通信,2017,19(16):82.

[11] 位永辉,杨威. 基于BISS0001的智能台灯设计[J]. 电子元器件应用,2010,12(07):32-34.

[12] Wu Yulin . Present situation and development trends of Chinese LED industry[J]. Technology & Business,2012,11(03):6-8.

[13] Mcguffie, Deborah. What's new in: LED lighting[J]. Fleet Owner, 2008, 18(02):15-17.

[14] 陈浩. 大功率LED驱动及智能控制系统设计[D]. 华中科技大学,2011.

[15] 柴君夫. 基于STM32的LED智能学习型台灯系统的设计[D]. 燕山大学,2016.

第7章 红外热释电光电报警器的设计

7.1 引 言

7.1.1 课题研究目的和意义

随着人民群众生活水平的提高,失窃的案件频频发生,根据不完全统计,我国每年因家庭入室盗窃损失上亿元,很多人民的财产安全都受到侵害。入室盗窃多为夜晚作案、翻越窗户、撬损门锁的方式,处理这种事件常需要被盗家庭去警局立案配合侦查,会影响被害人的正常生活秩序。由于人们开始注意个人的家庭财产是否足够安全,我国人民越来越多地购买使用家用防盗报警器。家用防盗报警器需求开始提高,但市场上的防盗报警器并不能完全满足用户需求,一款能够有效防盗的家庭防盗报警器的研制与出现已经迫在眉睫。

防盗报警器的目的是实现对家庭的保护。使用本产品设计可以在用户不在家或者晚上休息时进行布防,白天在家时进行撤防。当用户住宅被盗时,主人夜晚休息则有蜂鸣器报警进行提醒,进而威慑小偷。同时,主人外出时就会以短信进行提醒。主人可选择报警处理警情,本设计方案设置门窗多点布防,以全方位的严密监测防止盗贼入室行窃。

7.1.2 国内外研究现状

随着电子科学技术的发展,发明了超声波、移动红外报警器,以及联网型、GSM 型防盗报警器,主从式多点监控防盗报警器。

国外较为高级和大规模的防盗是社区与警局联网式的。这种情况的示例有美国 FBII 公司生产供应各种防盗探测器元器件以及各种高端的防盗系统,是最受欢迎防盗品牌之一。其优点是可以使用城市电话线创立联网中心系统。该公司的产品模式为探测器去触发开关传载到主机上,主机通过电话线拨打事先烧录好的用户号码进行联网报警,警察可以迅速地处理警情避免损失,同时警情信号可以传载到电脑上打印出来。

其次还有小规模局域联网式的,范围大小如住宅区与办公大楼,这种示例有英国科艺公司生产的火灾报警和保安混合式 MINERVA 80 系统，主要是使用有人、无人两种模式，为它们配置不同的传感器灵敏度，从而减少误报，提高系统的可信程度。MINERVA 80 系统使用网络连接电话来给用户通知警情，电话通知用户以及中央系统，及时处理危险情况，对人和公司财产进行保护。

国内家用防盗报警器较为知名的公司有创高、金安等。这些公司的产品大多数可以支持 4G 网并通过 GPRS 模块进行报警。根据调查，市场上家用防盗报警器根据技术配置分为不同的类型。国内较为高级智能的家庭防盗报警器，配置采用了 Wi-Fi、GSM、GPRS，即主机可以使用 Wi-Fi 连接网络与手机 APP 进行通信。所拥有 GPRS 模块也可支持 SIM 卡，可以进步和发展的方面是这种智能报警器可以为智能家居所使用。

其次较为传统的报警器主机，如金安公司生产的 S2G，只能插 SIM 卡，拥有 GPRS 模块支持语音通信功能、短信功能。这款主机类型是属于 Wi-Fi、PSTN 主机，支持 APP 和 SIM 卡语音通信功能，为了方便用户使用，直接采用了电话线进行通信，不需要再去办电话卡，但断网断电时使用功能效果不好。

只能连接数据网络的，如创高公司，在国内较为知名的两款报警器为“小白”“小智”，这两个产品的主机都支持 Wi-Fi 网络连接，让人觉得不方便的是没有配备 GSM 模块或者 GPRS 模块，不具备语音通话和短信功能。只支持手机 APP 进行通信传输，有警情通知时会显得不够及时和直接。

综上所述，本设计方案认为传统的 GPRS 模块，当盗贼入室行窃时可以更加直接有效地通知用户，从而达到防盗报警目的。

7.1.3 设计要求

热释电报警器的作用是通过检测发射热源的移动物体，并且利用蜂鸣器发出响亮的声音，确定有人入侵后使用 GPRS 模块发送短信给用户手机。当用户白天外出工作，日落而归、夜晚休息前，以及长时间外出时，分别开启不同的模式，从而达到防盗报警的作用。

监测要求：

(1)多方位监测：由于现代家具不同于以往的模式，现代家居总是有较多的房门入口，为了更有效地采光，窗户总是多而大，住户总会忘记关闭某一门窗，所以防盗器的安放位置要考虑到所有的可能被破坏而进入房间的地方，对整个房子房间进行监测，并且在重要财务安放处也应该安置防盗系统精心布置，有备无患。

(2)范围可调性：因为监测范围在不同的应用场合是不一样的，每个探测器的探测范围也应该可调。这样可以更加有效地进行安全报警。

(3)精确性:因为种种因素可能发生的不可预测的非人为因素造成防盗器报警铃声响起,比如室外的鸟类进入探测器的监测范围而造成防盗器触发报警给用户造成没有必要的担忧,给附近住户造成没有必要的扰乱,因此防盗器应该做得更加智能,可以自动区分人为活动与非人为活动,在非人进入监测范围内保证防盗器不会触发报警。

(4)快速性:要在发生危险时立刻触发报警装置,报警装置在第一时间进行报警并且可以使住户在第一时间知道家庭内发生的情况,从而对突发状况进行最为有效的处理,大大减少财产损失。

(5)合理性:考虑到现阶段我国国民的收入情况,合理地选用元件制作出性价比较高并且安全系数很高的防盗器,以满足人们对家庭安全的要求。

设计任务:在有效时间内论证方案的可行性,选取合适的制作模块,制作出符合应用标准的报警系统,再经过调试,修改不合理的地方,不断地对方案进行完善后,最终得到价格合理、功能齐全的报警系统。设计要求如下:

(1)具有感应系统,感应小偷或者不明人员。

(2)具有报警系统,查勘到不明人员入室盗窃时进行语音报警。

(3)具有通信系统,使用 GPRS 将情况汇报给用户进行防盗报警。

7.2 系统方案论证

7.2.1 传感器的选择

方案一:用声控传感器检测人体存在。声控传感器能将声音信号转换为电信号(声音越大,转换成的电信号也越大),传送到处理系统中处理。其缺点是传感器在只是声音检测的情况下,若周围环境比较吵,就会误报警。另外,一般的偷盗者不会发出多大的声音,虽然能检测到人体的存在,但没有针对性。

方案二:用红外热释电传感器检测人体的存在。红外热释电传感器的功能是能接收到外界物体发出的 0.2 ~ 20 μm 的波长信号(在自然界,所有物体只要温度大于 0 ℃,都会发出不同的红外线),将接收到的红外线经过内部电路的处理转换成电信号,传送到处理系统中处理。就价钱而言,一般的红外热释电传感器的市面单价在 4 元左右,好一点的也就是 10 元左右。其体积比较小,易于隐藏。

经对上述两个方案的对比，得出采用红外热释电传感器来检测，更符合本次设计的要求，能比较准确地检测出人体的波长，对其他物体的波长可以有效滤波，价位低，人们都还可以接受，而且不太大，这样就可以轻而易举地隐藏。所以，最终决定用红外热释电传感器。

考虑到实际的购买力，从实际出发选定了两个种类的热释电传感器，分别是 HC－SR501 人体热释电模块与热释电人体传感器 PM－6，然后在功能与参数上进行比较选择。从测量距离比较，PM－6 的测量距离为 0～5 m，不及 HC－SR501的 7 m 的测量距离。PM－6 和 HC－SR501 都具有可调节的延时电阻、广电敏感电阻，用于调节模块，更适用于环境。经过对模块的测试，用实验选出更适合的热释电模块。

经过对比后发现，HC－SR501 的测量距离远于 PM－6 的距离，所以选用 HC－SR501 作为本设计的传感器件。

7.2.2 单片机的选择

单片机作为整个防盗系统的绝对核心，起着信息处理与反馈的作用。对单片机 STC89C51 与 STC89C52 进行比较，相同的地方是，两个单片机在引脚的功能上作用完全一致，主要区别在于 STC89C52 单片机比 STC89C51 单片机多出一个定时器。在 RAM 方面，STC89C52 是 STC89C51 的 2 倍。ROM 也比 STC89C51 单片机多出 4Kbit，在 Flash 上，STC89C52 单片机也更加方便、快捷。

经过对两种单片机的分析，STC89C52 单片机具有引脚功能明确、逻辑单元明确、程序可拓展能力强、存储程序强的特点，选择 STC89C52 单片机作为热释电的中枢控制器件。

7.2.3 报警器的选择

报警器的种类有可以发声的蜂鸣器和闪光灯。由于两者的报警方式不同，可以结合应用。在家庭内安装蜂鸣器，蜂鸣器在接收单片机信号后发出刺耳的警铃声进行报警，用来吓退闯入室内的人。闪光灯安装在安保室内，若有紧急情况发生，安保室内的安保人员也可以在第一时间内做出反应，进行应急处理，把住户的损失降到最低。将闪光灯与蜂鸣器并联做出联合报警系统，把报警工作做到极致。

7.2.4 GSM 的选择

市场上有多种多样的 GSM 模块可供选择使用，挑选合适的 GSM 可以对家庭防盗器的制作带来便利,也可给住户的使用带来方便。

在市场上常见的GSM模块主要为MTK2503开发板与SIM900短信发送模块。MTK2503和SIM900短信发送模块的频段都为850 MHz、900 MHz、1 800 MHz、1 900 MHz。MTK2503的供电电压范围为3.3 ~ 5.5 V,SIM900短信发送模块的工作电压在5 V。MTK2503的工作温度为 - 20 ~ 70 ℃。而SIM900短信发送模块的工作温度为 - 30 ~ 80 ℃。SIM900短信发送模块采用SIM900芯片,SIM900芯片发送AT指令,MTK2503的操作系统为NUCLEUS OS操作系统。单片机因为可以和SIM900A通过AT指令进行连接,使用起来会更加得心应手。

通过对以上两类GSM的功能比较发现,SIM900短信发送模块功能简单,使用起来更加方便,和单片机更加兼容,也符合发送信息的期望,所以应用到防盗器设计中。

7.2.5 电源的选择

系统供给整个防盗器的电压为5 V。5 V电源可由220 V电源经过一个设计的电压转换器获得,也可用充电宝直接为防盗器供电。使用充电宝作为电源时,可以直接使用USB连接线连接充电宝与防盗器。由于GSM模块对电流、电压的要求比较苛刻,应该单独找一个供电电源进行供电。

经过论证发现,运用电压转换器的不方便之处是无法准确估计电源位置与被测地点的距离。而充电宝的可移动能力符合设计的要求。

7.3 硬件电路设计

根据设计将系统分为5个单元:热释电模块,为系统采集信号;按键模块,转换系统运行状态;单片机,控制系统的运行方式;报警模块,进行报警处理;GSM模块,发送短信通知。根据要求设计出系统的框图。系统框图布局如图7-1所示。

热释电模块是整个防盗系统的“眼睛”,起到监视被测环境的作用。当有人进入被测环境中后,热释电模块便能检测出被测环境中的红外辐射的变化,形成一个新的电位,经过放大、处理后把信号传输给单片机。单片机会发出信号给报警模块和GSM模块。报警模块发出报警声音,发出报警光照给出警示。GSM模块接收单片机发出的AT指令,便会发送指令给程序中所写的电话,通知所发生的情况。

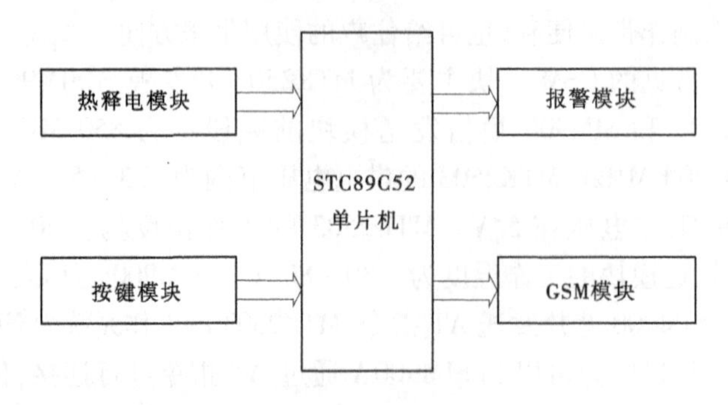

图 7-1　系统框图布局

7.3.1　最小系统电路

最小系统电路是指可以驱动单片机工作的最小电路，包括单片机、晶振电路和复位电路。

7.3.1.1　STC89C52 单片机

STC89C52 单片机在本设计中起到控制整个控制核心的作用。STC89C52 单片机的原理图如图 7-2 所示。

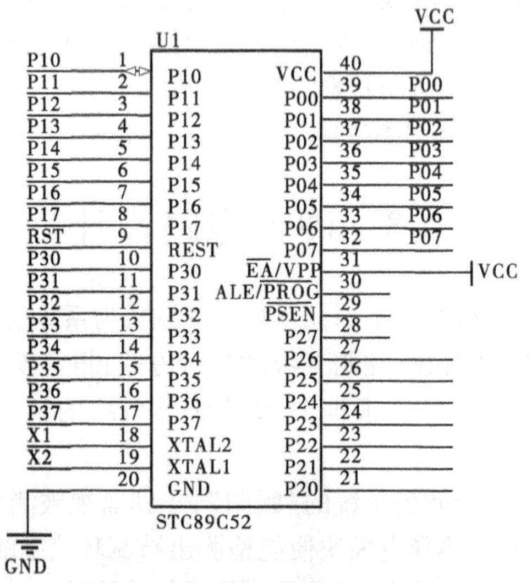

图 7-2　STC89C52 单片机原理图

在本次设计中，主要使用单片机的 7 个 Pi 口、2 个 XTAL 口、REST 口和 VCC 电源接口。

VCC 接电源模块，为单片机供电。

P32 接热释电模块，接收经处理后的热释电发送的代表危险的信号，驱动单片机工作。

P10、P11、P12 接按键模块，通过按键，直接对单片机发送指令。

XTAL1、XTAL2 接晶振电路，晶振电路为单片机适当提供频率。

P16 连接报警模块，当报警模块高电平触发时，进行报警。

P30、P31 接 SIM900A 电路，单片机通过 AT 指令控制 SIM900A 模块。

7.3.1.2 复位电路

当单片机不正常工作时，为了防止单片机工作在高处额定电压的环境下，防止被烧毁，在程序中设计了复位功能，可以在程序出现异常情况时迅速复位，回到初始状态。复位电路图如图 7-3 所示。

复位电路由一个按键、一个 10 μF 的电容、一个 10 kΩ 的电阻构成。一端接电源 VCC，一端接地，一端接单片机的 REST 复位接口。

系统正常运行时就让按键 K4 处于常开的状态。整个电路处于断路状态，RST 得到的触发电压为 0，此时电路不工作。若检测到单片机工作异常，便可按下按键 K4，此时电路导通，在 RST 连接处电势不为 0，单片机复位引脚得到触发，整个系统迅速复位，回到初始状态。

7.3.1.3 时钟电路

利用自身拥有稳定的周期频率给单片机提供时钟信号。时钟电路通过连接引脚 XTAL1 与 XTAL2，以此和单片机“对话”。时钟电路如图 7-4 所示。

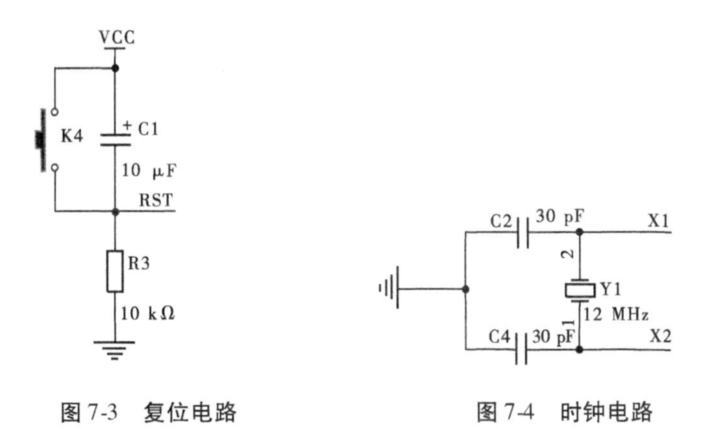

图 7-3 复位电路

图 7-4 时钟电路

7.3.2 按键模块

开关电路设计为实现三个功能：

(1)紧急报警:这种情况应对当住户在家里时发生的盗窃事件。当主人在家里时防盗器的状态是初始化的,此时若有人闯入住户家里,主人便可以按下紧急报警开关 P10 口,输出高电平到单片机,便可以触发报警模块,发出警铃声,既可以吓退闯入者也可以提醒周围人员房间所发之事,从而对住户进行救助。

(2)布防:此按键最终连接的是单片机的 P11 口,此按键在住户离开住宅时按下,P11 口由低电平转为高电平,经过一段时间延时后进入布防状态。

(3)撤防:连接 P12 口,此按键在主人到家里时按下,电平由低电平转为高电平,结束布防,防盗器关闭。按键模块电路原理图如图 7-5 所示。

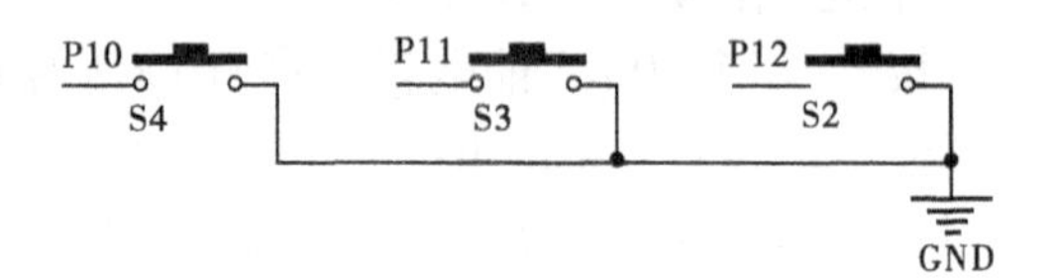

图 7-5 按键模块电路原理图

7.3.3 光电报警电路模块

光电报警电路模块在接收到单片机发送的信号后触发报警电路,闪光灯进行工作,蜂鸣器发声,进行报警。报警电路原理图如图 7-6 所示。

电路组成:一个 1 000 Ω 的电阻、一个 330 Ω 的电阻、一个闪光灯、一个蜂鸣器、一个三极管。

VCC 为整个电路提供电源。三极管 8550 为整个电路提供了驱动。电路为高电平触发,所以在没触发信号的情况下 P16 保持低电平,报警电路保持静止状态。若 P16 变为高电平,此时三极管的基极导通,从而三极管导通。VCC 电源有电流流经蜂鸣器与闪光灯 D1 时,蜂鸣器响起,报警灯闪烁。报警开始,经过延时后,报警结束。

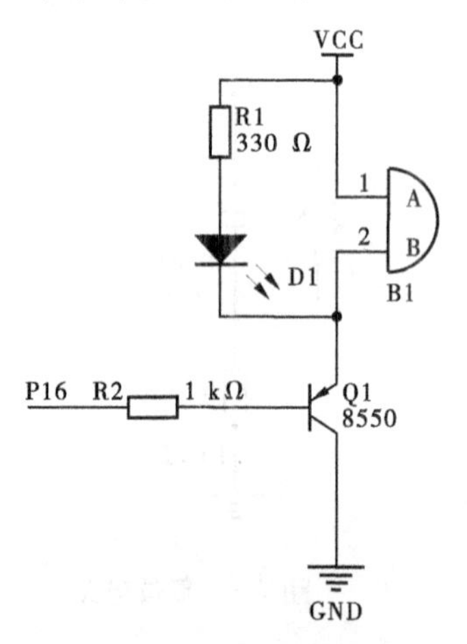

图 7-6 报警电路原理图

7.3.4 热释电模块

本设计采用 HC－SR501 热释电模块。热释电模块的菲涅耳透镜具有红外强化作用,放大人体的红外辐射对环境的影响。人体进入探测范围后会打破区域内的红外辐射的平衡状态,产生感应电流,感应电流经过放大处理后传入单片机。热释电模块外部引脚图如图 7-7 所示。

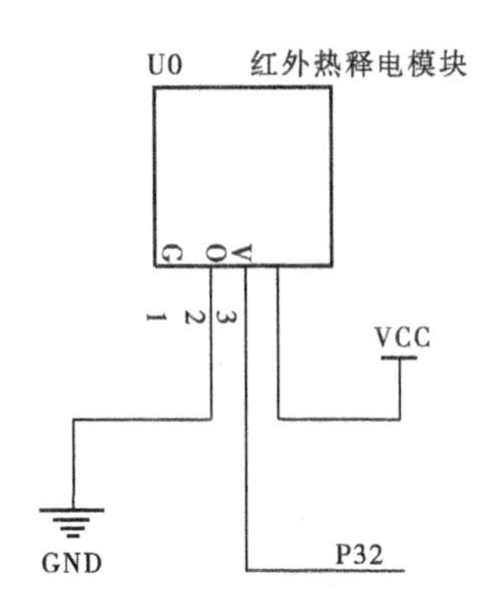

图 7-7 热释电模块外部引脚图

HC - SR501 红外传感器的引脚 G 接地,引脚 O 通过导线连接单片机的 P32 引脚,引脚 V 接电源。当需要调节热释电感应距离时可以调节热释电模块上的 SQ1 旋钮,调节敏感电阻的大小,控制热释电传感器探头的探测距离。当需要调节热释电延时时间时,可以调节热释电模块上的延时旋钮 SQ2,控制热释延时时间长短。

7.3.5 GSM 模块

单片机的串行口是 TTL,SIM900A 的串行口是 CMOS,两者在电平上无法直接“对话”,但是可以通过逻辑指令进行连接。SIM900A 上设有一个指示灯,作用是表明 GSM 所处状态。若指示灯的节奏是 1 s 一闪,则表示卡槽内部没有卡或者没有连接搜索网络。若指示灯的节奏变为 3 s 一闪,则表示卡槽内已有卡并且已连接搜索网络,此时便可以发送短信给手机。SIM900 外部引脚图如图 7-8 所示。

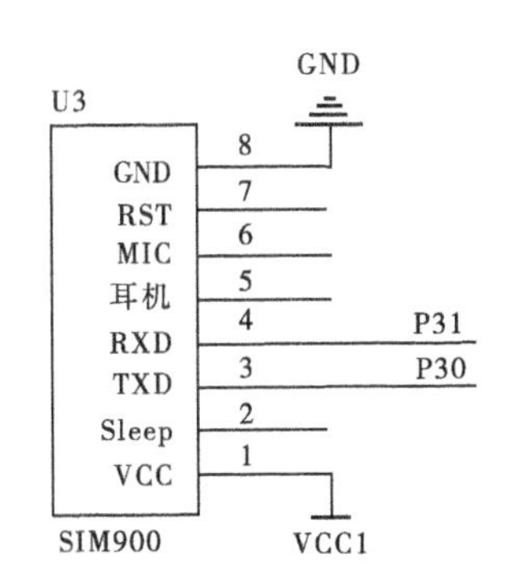

图 7-8 SIM900 外部引脚图

7.4 软件系统设计

当按下开始键,系统进入开始状态运行时,若按下布防键按钮,系统在 15 s 之后进入布防状态,然后系统开始检测有无红外线信号的传入。若有红外线信号,则经过内部一系列的信息处理,报警器开始报警,二极管发光闪烁;若无信号,系统则一直处在布防状态。若按下紧急报警键,报警器则会报警,二极管会发光闪烁,同时通过 GSM 模块,GSM 然后发送信号给手机。

7.4.1 主程序的设计

程序开始运行,经过初始化后检测是否有信号从热释电模块传出,若没有检测到信号,则继续检测信号。若检测到信号,则输入单片机,单片机一边输出信号给声光报警器报警,另一边输出信号给 GSM,GSM 然后发送信号给手机。主程序流程图如图 7-9 所示。

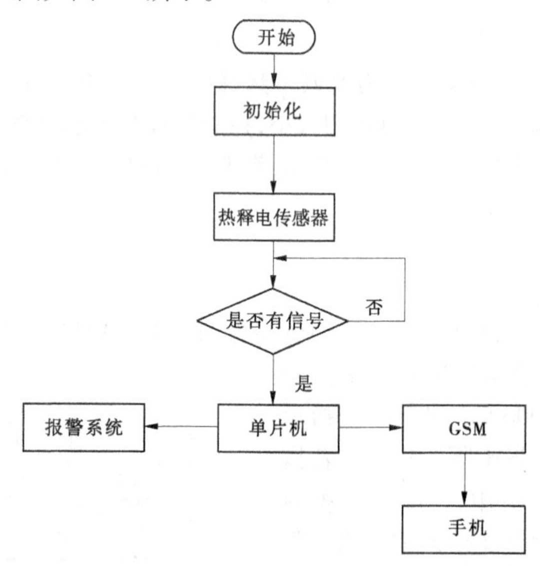

图 7-9 主程序流程图

7.4.2 热释电子程序的设计

系统开始运行,经过初始化后检测电路是否有信号产生。若没有信号,继续检测;若有信号,经放大处理后,传给单片机。

热释电子程序流程图如图 7-10 所示。

7.4.3　GSM 子程序的设计

系统开始运行,单片机发送 AT 指令给 SIM900,待 SIM900A 状态稳定之后就会延时发送“Warning”的短信给用户手机。GSM 子程序流程图如图 7-11 所示。

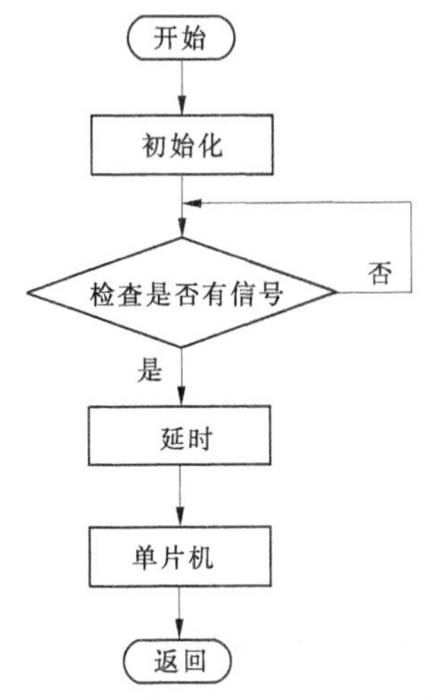

图 7-10　热释电子程序流程图

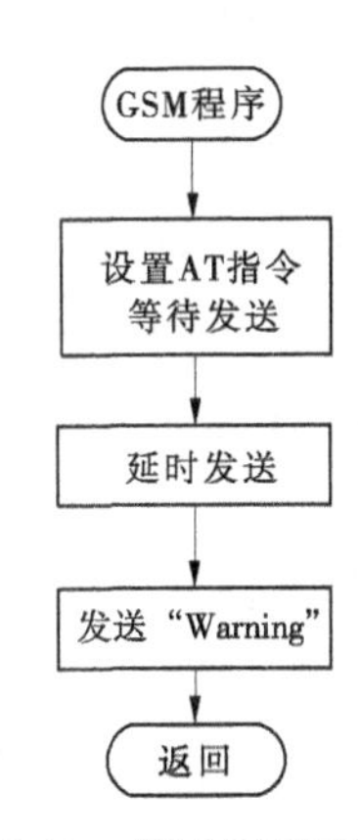

图 7-11　GSM 子程序流程图

7.4.4　按键子程序设计

按键模块是系统的输入模块,共有 5 个按键,分别为开始键、紧急报警键、布防键、复位键、停止键。按键模块的具体流程是:当开始运行时,系统进行初始化设置,若有按键按下,按键程序进行延时去抖,然后判断哪个按键被按下,最后根据按键类型的不同,执行相应的功能。按键子程序流程图如图 7-12 所示。

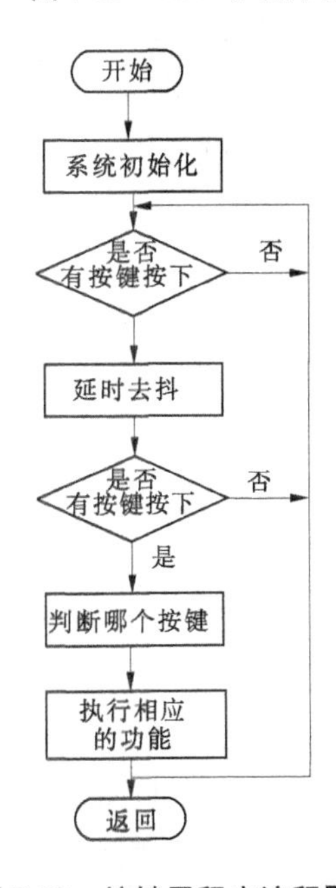

图 7-12　按键子程序流程图

7.5 系统调试与结果分析

对做好的实物进行性能检测、功能测试，针对测试系统中存在的问题，并通过多次测试分析，避免电路开发的不稳定因素。对实物进行测试，得到实际测试数据，根据实际测试参数确定实物安装位置。

7.5.1 硬件测试

7.5.1.1 元器件测试

首先列好所需元器件的清单，准备好所需元器件。然后利用万能表对元器件进行电压测试，挑出其中不符合要求的元器件，最后补充新的合格的元器件。

7.5.1.2 组装焊接元器件

按照电路原理图印制出 PCB 板，对 PCB 板进行打孔，随后根据孔的位置按照先焊接不易损坏的元器件、后焊接易损坏的元器件的顺序进行焊接。

按照原理图的放置，结合布线规则，在实物的放置过程中要先放置不易被损坏的元器件，后放置焊接要求较高的元件。在焊接过程中，要防止短路、极性接反及连错单片机引脚。要特别注意的是，容易损坏的元件一定最后焊接，在焊集成芯片时连续焊接时间不要过长，以防对电路板和器件造成损坏，影响到电路的运行。

排除了硬件的故障和元器件损坏等一些因素，检查电路原理图，这些工作确定没有出现问题后再对软件经行调试。

7.5.2 软件测试

7.5.2.1 流程图测试

检查流程图设计是否合理，是否增加了不必要的环节或者是缺失了重要的环节，进行修改完善。当确认无误后再从头梳理一遍流程图的环节，观察是否流畅，符合设计最初目的，一切检查无误后确定下来。

7.5.2.2 原理图的测试

首先对每个模块的原理图进行测试，用计算机程序 AD 进行分析，若不能正常工作则重新设计原理图；若能正常工作则合理地调整元器件的参数，使之可以在测试中达到比较完美的状态，然后将整个原理图绘制成 PCB 图，使用

DXP 进行仿真,调整不合理的地方,直到调整出一个比较好的总体结果后进行测试。

7.5.2.3 程序的测试

将设计好的程序在 Proteus 中进行仿真运行,Proteus 会自动检测出程序中的错误地方,并给出合理的修改意见,进行程序修改。

7.5.3 整体性能的测试

在完成硬件的测试与软件的测试后,因为在焊接过程中元器件不可避免的损耗与调节过程中无法忽视的误差,整体的性能设计总是存在误差。所以,要对整个防盗器的整体性能进行测试,得到防盗器最终的性能。

本次设计的红外热释电家庭防盗报警器为低功耗设备,系统的工作电压范围较宽,响应时间较快,灵敏度高,探测的有效距离远,探测范围广。传感器技术参数如表 7-1 所示。

表 7-1 传感器技术参数

参数名称	性能参数
工作电压	5 ~ 24 V
工作电流	小于 20 μA
探测距离	0 ~ 10 m
电路板尺寸	32 mm × 24 mm
工作温度	-20 ~ 70 ℃

根据设计之初的条件,把热释电防盗器放置在 -20 ~ 70 ℃的环境中,并放置到距离地面 2 m 高的地点进行性能测试。

把测试结果以图表的形式表现出来,测试结果如表 7-2 所示。

通过对以上数据的分析,可以得出所设计报警器的基本性能:热释电报警器的性能会随着距离的增加而降低。热释电报警器的性能在测试距离为 4 m 以内是最安全可靠的。当测试距离超过 4 m,但是在 6 m 以内时防盗器的准确性会有所下降,但依然可用。当测试距离超过 6 m 时,虽然热释电依然会检测到人体活动,但是由于信号过于微弱就不再报警。

表 7-2　报警器性能测试数据

序号	理论距离(m)	实际距离(m)	测量角度	是否报警	误差
1	1	1	90°	是	无
2	2	2	95°	是	无
3	3	3	100°	是	无
4	4	3.9	104°	是	有
5	5	4.8	107°	是	有
6	6	5.7	113°	是	有
7	7	6.5	118°	否	有

7.5.4　安装注意事项

红外热释电家庭防盗报警器的布置和安装方式各种各样,但大体上红外热释电传感器的布置和安装宜遵循以下原则:

(1)选择安装位置时,距离地面 2 m 上,尽可能地能全方位监测到监测区域。

(2)把红外监视光束带区相对于人,横向放置,可以提高灵敏度,使得探测效果最佳。

(3)选择合适的探测角度和探测范围,防止探测不到。

(4)热释电红外探测头尽量避免热源、光源,防止误报警。如果不能避免,也应该距离热源、光源 1.5 m 以上。

(5)传感器应该远离大功率电源,防止电磁干扰,避免误触发、误报警。

(6)安装传感器的周围应尽量视野开阔,以便能提高接收信号的灵敏度。

7.6　总　结

为了防止设计之中思路过于混乱,设计步骤按以下顺序进行:

(1)在设计之初明确自己设计的最基本的目的,然后围绕这个设计中心,对设计进行补充与完善。在设计之初就绘制了总体框图,然后在框图进行元器件的补充。

(2)挑选合适的器件,对每个器件进行电压检测,去除其中的损坏的器件,留下正常工作的器件。根据设计的原理图绘制出相应的 PCB 图,对图进行合理的修改与调试,直到可以正常使用。

(3)把 PCB 图放入机器,打印到纸上,然后利用转印机把 PCB 图转印到 PCB 板上,随后进行电路腐蚀。安静等待腐蚀完成后,对 PCB 板进行清洗,擦拭,然后在板子上标记的地方打洞,PCB 板制作完成。

(4)把相应器件焊接到 PCB 板上,然后用导线把相应的地方进行连接。用万能表检测是否有虚焊的情况,把虚焊的点拆下重焊。焊接完毕后把程序输入单片机。

(5)在完成以上工作后对整体进行调试,完成工作。

在完成设计进行性能测试后发现了一个问题,就是报警器的声音时大时小,有时声音甚至会断掉。用万能表检测后发现,电源电压不能承担整个电路的电压,尤其是 GSM 对电压要求比较高,就另设一个电源单独为 GSM 供电。改变设计后,报警器声音就变得正常起来。

需要完善的地方有:

(1)房间的空间有大有小,有些空间分布十分复杂,因此需要大于 3 个热释电传感器进行监测。

(2)对于比较大的空间分布,对防护等级也是有一定要求的,比如在重要的财物与重要的物品处需要比较高的安全系数。在软件设计时应设计不同短信发送程序,根据热释电感应位置的不同发送不同的短信,告知住户危机发生的位置,让随后的应对措施更加具体。

(3)在热释电防盗器的设计上添加一个拍照模块,使得拍照模块的监测范围与热释电的监测范围一致。若热释电传感器检测到闯入者的红外辐射,就可以通过单片机触发拍照模块,留下闯入者特征,为以后案件的侦破带来便利。

参考文献

[1] 程卫东,等. 动态红外场景投射器研究新进展[J]. 红外与激光工程,2008(2):12-18.

[2] 程卫东,董永贵. 利用热释电红外传感器探测人体运动特征[J]. 仪器仪表学报,2008(5):2-15.

[3] 高爱华,等. 热释电探测器特性参数动态响应测量[J]. 西安工业大学学报,2007(3):12-15.

[4] 桑农,李正龙,张天序. 人类视觉注意机制在目标检测中的应用[J]. 红外与激光工程,2004,33(01):38-42.

[5] 褚红旭,金鑫,段纳. 具有 WiFi 功能的红外感应模块设计及实现[J]. 微型机与应用,

2017(6):5-24.
[6] 王司东,等. MEMS 热电堆传感器的红外探测系统[J]. 传感器与微系统,2017(2):15-31.
[7] 卢云,等. PIR 单节点阵列目标轨迹预测和定位技术[J]. 红外与激光工程,2016(10):2-56.
[8] 施敏,伍国珏. 半导体器件物理[M]. 西安:西安交通大学出版社,2008.
[9] 雷闰龙,等. 基于红外传感器的生物识别[J]. 电子设计工程,2016(13):4-56.
[10] 吕长飞,等. 基于 AT89C52 智能温度控制器设计[J]. 微计算机信息,2007(20):12-32.
[11] 刘举平,余为清. 基于 GSM 技术的智能家居远程控制器设计[J]. 微计算机信息,2010(11):12-51.
[12] 柏业超,杨波,张兴敢. 基于 GSM 模块 TC35 的智能门控安防系统设计[J]. 电子测量技术,2008(1):14-35.
[13] 尹辉辉,等. 基于 GSM 短信的农业大棚监视系统研究与应用[J]. 数字技术与应用,2015(7):21-56.
[14] Karl J Astrom. The Application of Keil and Proteus in MCU Game Desisn[J]. International Journal of Electrical Power and Energy Systems,2001,80(5):23-27.
[15] Hai Taoqi, Guang Leifeng, Hong Wang. Design of the Control System for Rehabilitation Horse Based on MCU STC89C52[J]. Advanced Engineering Forum,2011,5(2):39-42.

第 8 章　基于蓝牙的热水器控制器系统设计

8.1　引　言

科技发展带动大众的物质追求，大众对生活水平的要求越来越高，所以对生活水平的提高是急迫的。而恰好智能设备能满足大众一定的要求，现在智能设备为众人所认知，已经悄悄走进了大众的生活，涵盖在了大众的生活当中。家用电热水器现在几乎每家每户都在使用，但热水器的控制大部分还是不够智能，无法进行远程控制，所以对于远程控制的研究很有必要。

8.1.1　研究目的及意义

热水器是一种可供浴室、洗手间及厨房使用的家用电器，电热水器因其无污染、安全、保温时间长、使用方便等优点，越来越受到人们的青睐。单片机是家用电热水器常用的控制器件，蓝牙等无线模块与其相结合可以使电热水器更实用、更安全、更方便、更节能，对于蓝牙热水器的研究有很重要的意义。

8.1.2　国内外研究现状

世界上第一台热水器诞生在德国，20 世纪中期在欧美国家普及，中国的热水器从开始的燃气热水器到现在的电热水器，也是历经许多年的发展。中国的美的、海尔致力研发智能热水器，美国的艾欧史密斯公司同样在研究智能热水器，都有很好的成果。

智能热水器的研究系统方案有很多，主要设计方案归纳如下：

(1)元器件选用 STC89C51 单片机、LCD1602 液晶显示屏、DS18B20 温度传感器和 GSM 模块 TC35。

(2)元器件选用 STC89C52 单片机、DS18B20 温度传感器、HC－05 蓝牙模块和 LCD1602 液晶显示屏。

(3)元器件选用 AT89C51 单片机、Cu100 热电阻温度传感器、LCD1602 液晶显示屏。

这几个方案都是采用单片机作为控制模块，温度传感器采集温度信息，LCD 1602 进行显示，在温度低于设定温度时，使用不同的加热模块进行加热，并能与手机连接，用手机也能对系统进行远程控制。

8.2 系统方案的选择

8.2.1 控制方案的选择

方案一：使用 STC89C51 为控制芯片。

方案二：使用 STC89C52 为控制芯片。

方案三：使用基于 ARM7TDMI 的 S3C44B0 为主控芯片。

S3C44B0 为低功耗、高性能的一款芯片，与单片机对比，S3C44B0 需要更高的花费，而且相对于单片机也不容易使用。相较于 STC89C51 来说，STC89C52 的 RAM 更大，比 STC89C51 大 128 字节；STC89C52 的 FLASH 也更大，比 STC89C51 大 4Kbit。其可以直接通过串口将程序写入单片机，价格适中，使用便捷。

综上所述，本次设计选用控制方案一，使用 STC89C52 作为控制芯片。

8.2.2 无线模块方案的选择

方案一：使用 HC－05 蓝牙模块。

方案二：使用 HC－06 蓝牙模块。

方案三：使用 Wi-Fi。

HC－05 蓝牙模块既可以作为主机，又可以作为从机，主机与从机模式能够互相转换，拥有丰富的指令。

HC－06 蓝牙模块也是既可以作为主机，又可以作为从机，主机与从机模式能够互相转换，同样拥有很多指令，但是没有 HC－05 多。

使用 Wi-Fi 有很多优点，传输距离远，速率快，但是功耗大，成本也相对高一些。

综上所述，无线模块方案采用方案一，使用 HC－05 蓝牙模块。

8.2.3 温度采集方案选择

方案一：使用 DS18B20 温度传感器。

方案二：使用热敏电阻。

DS18B20 只有一根 I/O 口线,连线方便,可以直接读出来所测量的温度。

热敏电阻对温度的变化非常敏感,精确度非常高,能够测量的温度范围比较小,适用于测量快速变化的温度。虽然体积小,有很多优点,比如温度采集速度非常快,但是也有不少缺点,如果热敏电阻处于温度很高的环境中,会造成不可修复的损坏。

综上所述,采用温度采集方案一,使用 DS18B20 温度传感器。

8.2.4 显示方案的选择

方案一:使用 LCD1602 液晶显示。

方案二:使用点阵式数码管显示。

显示电路所使用的显示器为 LCD1602。使用液晶显示器有很多优点,如显示比较好、能够持续稳定发光、不会闪亮、功耗比较小等,液晶显示器的功耗主要是供给自身内部的器件和驱动,所以消耗的电能相比其他的显示器会少。

点阵数码管由 8 ×8 的发光二极管构成,数码管也可以用来显示,但用在本次设计中不太适合,数码管显示数字不如 LCD1602 液晶显示屏那么清晰,而且比较浪费。

综上所述,显示方案采用方案一,使用 LCD1602 液晶显示屏。

8.2.5 小结

对设计方案和一些关键元器件的选择做了有关的分析,并对其做出判断,选出了适合本设计的相关设计方案和关键元器件,从而为后面软硬件设计铺平了道路。

从整体结构来看,本设计选择的方案成本低廉,但实现功能全面,通过综合性的芯片控制和合理通信协议的模块配合,提高了方案的可行性。

8.3 硬件电路设计

温度传感器进行温度检测,单片机根据设置的阈值控制继电器的工作情况,按键部分用来设置阈值数据,单片机将温度数据、阈值信息、继电器的工作状态通过 HC-05 将数据发送出去,手机通过蓝牙接收数据,显示在手机上,也可以通过手机发送指令,通过 HC-05 将指令输入单片机,单片机再执行与指令相对的操作,热水器通过蓝牙模块与手机进行通信。

系统共 8 个模块电路,分别为单片机最小系统模块电路、LCD1602 液晶显示电路、DS18B20 温度采集电路、5V 充电宝供电电源电路、HC－05 蓝牙电路、独立按键电路、报警指示灯电路和继电器驱动电路。系统框图如图 8-1 所示。

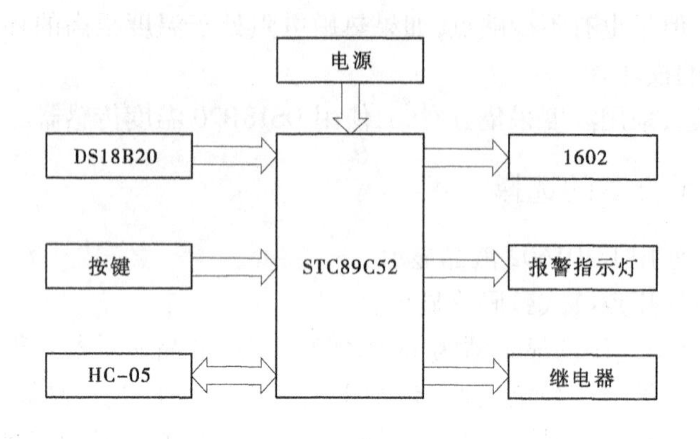

图 8-1　系统框图

8.3.1　最小系统电路

8.3.1.1　单片机电路

单片机为系统的控制核心，负责系统的信息处理与整体控制。STC89C52 的 RAM 为 256 字节，STC89C52 的 FLASH 为 8K，可以直接通过串口将程序写入单片机，STC89C52 价格适中，使用便捷。

8.3.1.2　晶振电路

系统的晶振电路采用的器件为 11.059 2 MHz 的晶振，还有 2 个 30 pF 的电容。主要用来提供脉冲，使整个电路正常工作。晶振电路的 2 个引脚接单片机上的反相放大器的输入、输出端，即 18 与 19 引脚。晶振电路图如图 8-2 所示。

8.3.1.3　复位电路

复位电路由一个自动弹起的开关、一个 10 μF 的电解电容和一个 10 kΩ 的电阻组成。复位电路的原理为开始时，K1 断开，电容充电提供给 RST 一个高电平，充电完成后 RST 端为持续低电平，需要复位时按下开关 K1，电容放电，按键松开，电容继续充电维持 RST 端高电平以达到复位的效果，电阻 R3 起到保护电路的作用。电路图如图 8-3 所示。

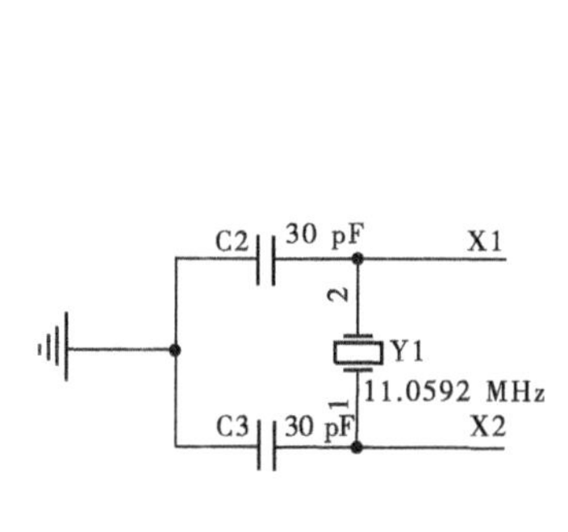

图 8-2　晶振电路

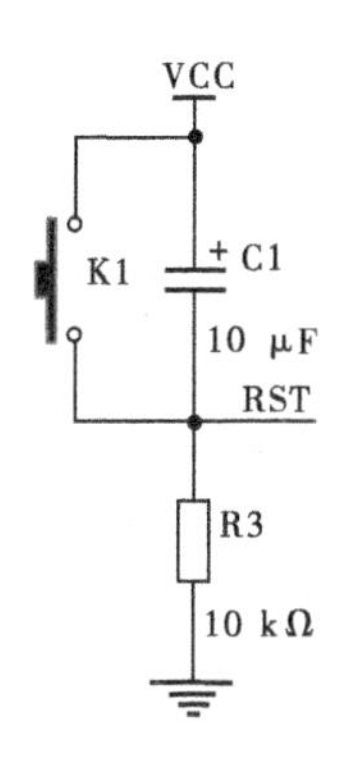

图 8-3　复位电路

8.3.2　蓝牙电路

蓝牙模块为 HC－05。蓝牙模块的 TXD 引脚接单片机的 RXD 引脚，蓝牙模块的 RXD 引脚接单片机的 TXD 引脚。在蓝牙通电并且没有配对成功时，蓝牙模块上的灯快速闪烁提示没有连接或者没有连接成功，当配对连接成功时，蓝牙模块上的灯间隔几秒闪烁 2 次。蓝牙配对连接成功时，可以在手机端对整个系统进行控制与显示实时所测得的温度值，实现与电路板上的按键相同的功能。并要求手机端设置的温度上限、温度下限，打开或者关闭继电器，自动与手动模式的切换等功能具体的数值能实时在电路板上的 LCD1602 液晶显示屏上同步显示。电路如图 8-4 所示。

8.3.3　温度采集电路

DS18B20 温度传感器有很多优点，可以直接读出来所测量的温度，而且能通过编程去获取想要的读数方式。该模块只有一根 I/O 口线，连线方便，测量出来的温度可靠。温度采集电路如图 8-5 所示。

8.3.4　显示电路

系统使用 LCD1602 液晶显示。显示电路主要用于显示当前温度、手动与自动模式、设定温度的上限值与下限值。

在显示屏的第一排偏左的位置显示为 T，即当前温度数值，在显示屏的第一排偏右的位置显示模式，即 MANUAL 手动模式或者 AUTO 自动模式。在显示屏的第二排左侧显示 H，即设定的温度上限，在显示屏的第二排右侧显示 L，即设定的温度下限。显示电路如图 8-6 所示。

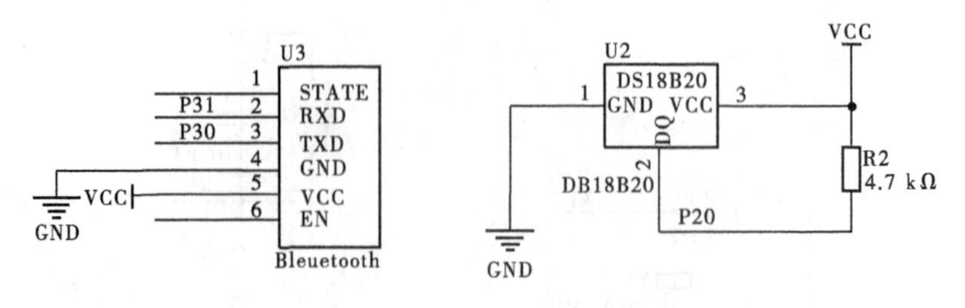

图 8-4　HC－05 电路　　　　图 8-5　温度采集电路

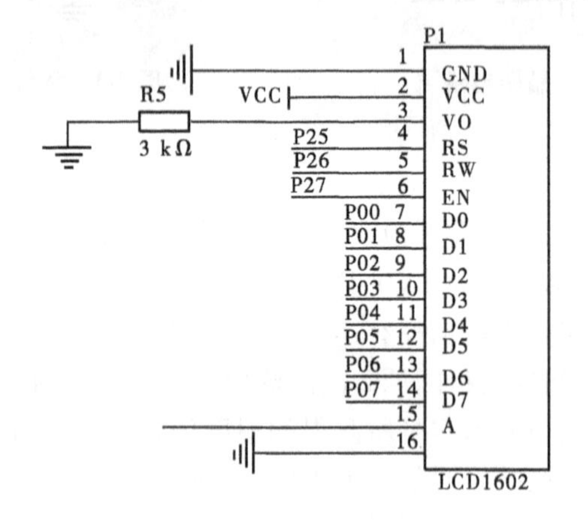

图 8-6　显示电路

8.3.5　按键电路

控制按键电路由 4 个能自动弹起的按键开关组成。开关 K2 为设置按键。将 K2 按一次时,显示屏上的温度上限指示的温度数值闪烁,此时可以对温度上限进行设置;K3 按键按一次温度数值加 1,长按 K3 温度数值连续加 1;K4 按键按一次温度数值减 1,长按 K4 温度数值连续减 1。按键 K2 再按一次,显示屏上温度下限指示的温度闪烁,此时可以对温度下限数值进行设置;同样 K3 按键按一次温度数值加 1,长按 K3 温度数值连续加 1;K4 按键按一次温度数值减 1,长按 K4 温度数值连续减 1。再次将按键 K2 按一次,设置完成。在手动模式也就是显示屏右上角显示为 MANUAL 时,K3 按键按一次,继电器打开并且与继电器相并联的指示灯发光,K4 按键按一次,继电器关闭并且与继电器相并联的指示灯熄灭。K5 为模式切换按键,当显示屏上显示此时为手动模式也就是 MANUAL 时,K5 按键按一次,手动模式切换为自动模式,自动模式显示为 AUTO。按键电路如图 8-7 所示。

8.3.6 报警指示灯电路

报警指示灯电路包含 2 个 1 kΩ 的限流电阻和 2 个发光二极管。当系统中的温度采集模块测得的温度低于设定的温度下限时,发光二极管 L2 发光;当系统中的温度采集模块测得的温度高于设定的温度上限时,发光二极管 L3 发光;当系统中的温度采集模块测得的温度低于设定的温度上限并且高于设定的温度下限时,L2 与 L3 都不会被点亮。报警指示灯电路如图 8-8 所示。

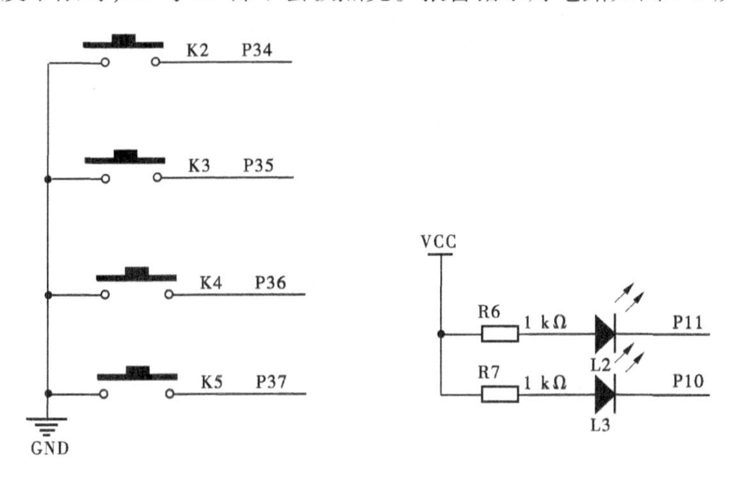

图 8-7 按键电路　　图 8-8 报警指示灯电路

8.3.7 继电器驱动电路

继电器驱动电路使用 2 个 1 kΩ 的电阻、1 个 3 极管、1 个发光 2 极管、1 个继电器和 1 个可以外接负载的接头。当系统中的温度采集模块所测的温度低于设定的温度下限时,三极管导通,继电器自动打开吸合开关,负载开始工作,与继电器并联的发光二极管也会被点亮,指示继电器被打开。继电器驱动电路如图 8-9 所示。

8.3.8 电源电路

系统使用 5 V 充电宝供电,电源线连接上 P2 口后,按下开关 SW1,经由 SW1 开关连接单片机的 40 引脚,完成对整个系统的供电。电源电路如图 8-10 所示。

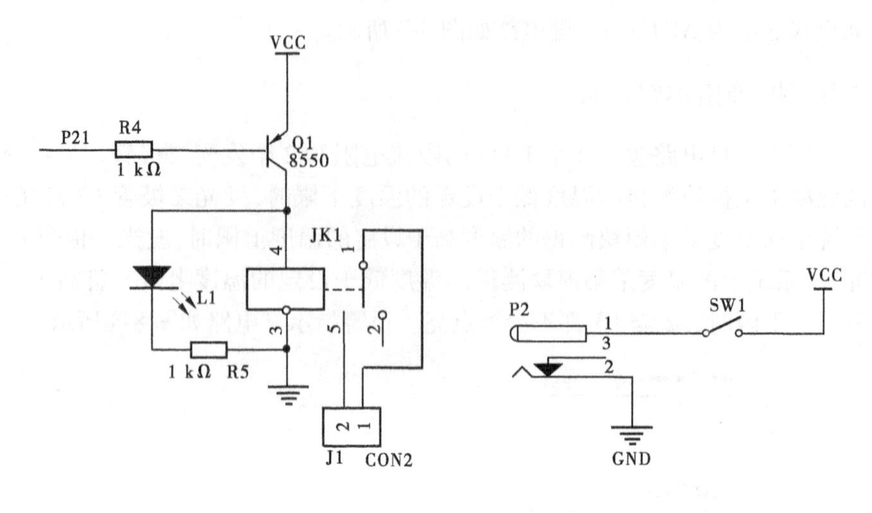

图 8-9 继电器驱动电路　　　　图 8-10 电源电路

8.4 系统软件设计

8.4.1 主程序设计

主程序开始执行,首先对温度传感器进行初始化,然后调用温度传感器子程序,读取当前温度,调用系统串口及定时器配置初始化程序,对串口、定时器和比特率进行赋初值,打开总中断以及串口中断等,完成对系统串口及定时器的配置初始化,之后调用 1602 液晶显示屏的初始化程序,对 1602 发出清屏指令进行清屏操作,进行功能设置完成 1602 的清屏初始化操作,执行系统初始化,读取 EEPROM 中的数据,显示屏进行相应的显示处理,按键输入控制水温,蓝牙传输数据控制水温,最后系统处理数据并进行相应的操作。主程序流程图如图 8-11 所示。

8.4.2 蓝牙子程序设计

调用蓝牙发送数据控制程序,根据对应的串口发送模式变量发送不同的数据内容,如果发送模式变量为 0,则发送当前温度,判断当前温度数据是否发送成功,若发送未成功再次发送当前温度,若发送成功,继续发送温度上限值,发送温度下限值;发送系统模式,如果系统模式为自动,则发送 AUTO,如果系统模式为手动,则发送 MANAUL;再发送继电器的状态,I/O 口为 0 发送"OPEN", I/O 口为 1 发送"CLOSE",再设置发送模式为 0,返回。蓝牙子程序流程图如图 8-12 所示。

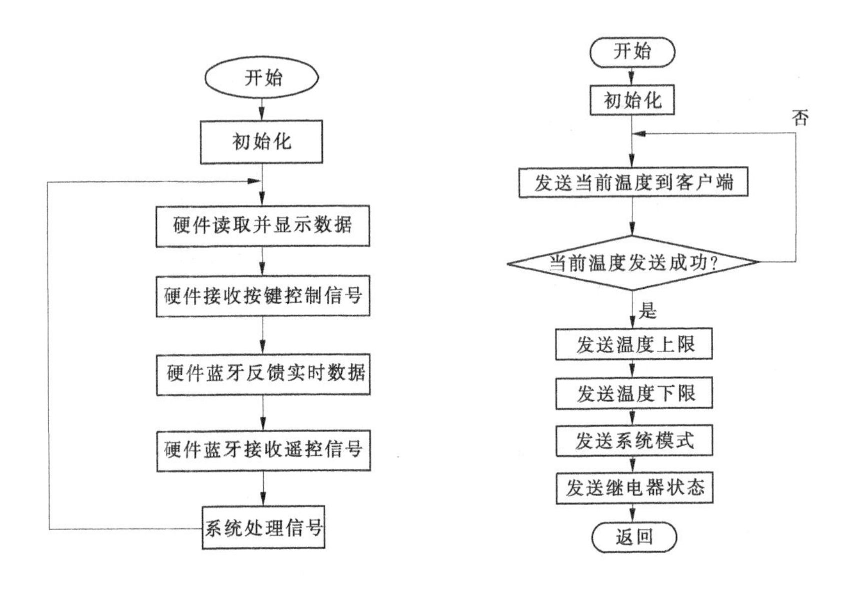

图 8-11　主程序流程图

图 8-12　蓝牙子程序流程图

8.4.3　温度子程序设计

对温度传感器进行初始化,对 DS18B20 进行复位操作,跳过 ROM,再执行温度转换,延时,再对 DS18B20 执行复位操作,跳过 ROM,读 RAM 命令,读取温度的高位字节与低位字节,进行温度数据的转化与处理得到温度值。温度子程序流程图如图 8-13 所示。

8.4.4　显示子程序设计

对 1602 进行初始化,对 1602 执行清屏指令,再延时 1 500 ms,检测忙信号,再获取温度数据,调用 1602 写入数据函数,数据显示完毕。显示子程序流程图如图 8-14 所示。

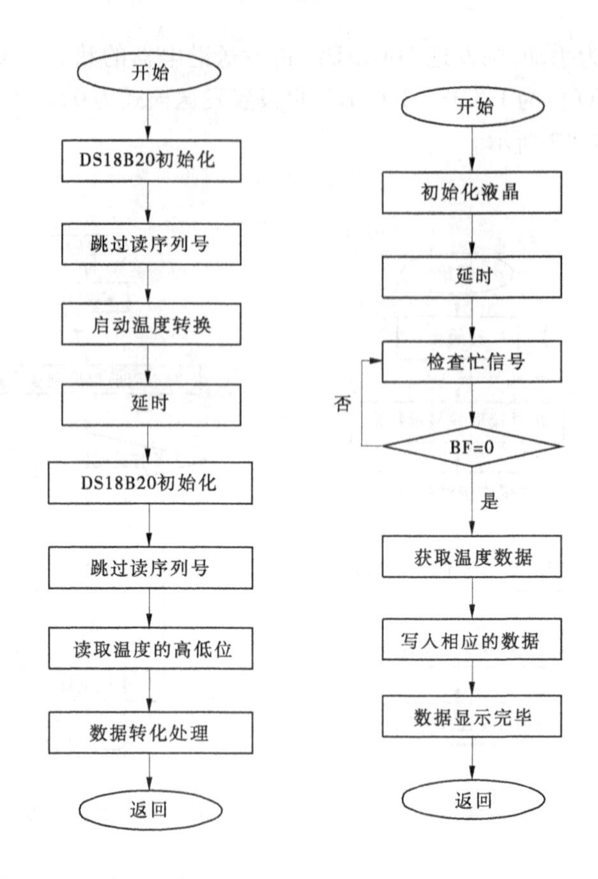

图 8-13　温度子程序流程图　　　图 8-14　显示子程序流程图

8.4.5　按键子程序设计

调用按键监测控制程序。如果监测到按键按下,先延时去抖防止错误判断按键的按下,然后判断是哪个按键按下,如果按下按键 1,切换设置项,将设置完成后的数据存入 EEPROM。按键 2 按下,如果处于设置温度上限,上限加 1,如果处于设置温度下限,下限加 1,在系统模式为 0 时,继电器开启。如果按键 3 按下,处于设置温度上限,上限减 1,如果处于设置温度下限,下限减 1,在系统模式为 0 时,继电器关闭,继电器指示灯不点亮。若按键 4 按下,系统模式进行切换,设置完成后将数据存入 EEPROM,然后清除按键循环。按键子程序流程图如图 8-15 所示。

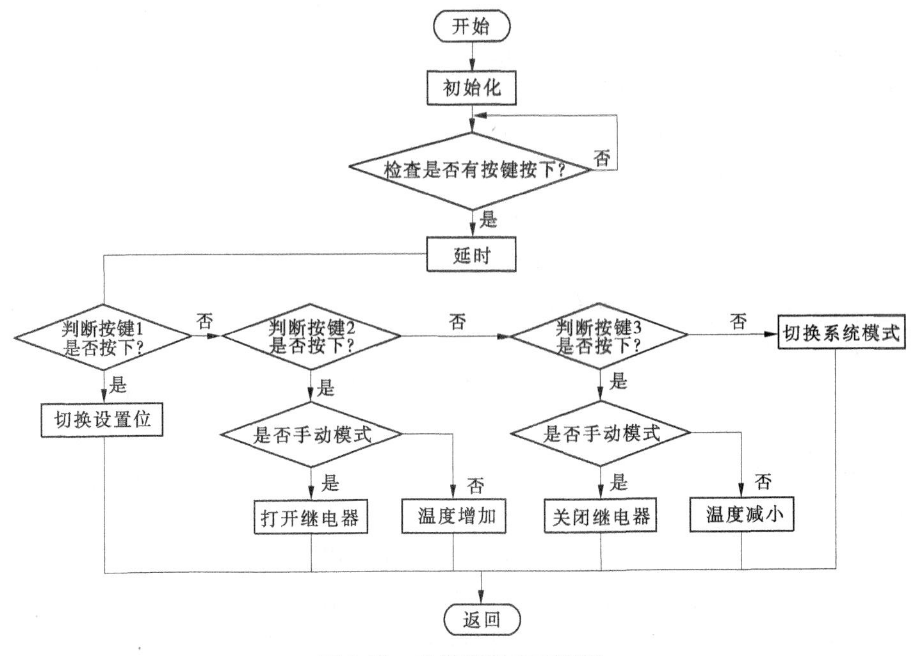

图 8-15 按键子程序流程图

8.5 系统调试及结果分析

整个系统焊接好后,不能立刻就上电,应该首先检查所有元器件是否焊接正确。调试对于一个系统的完成有着重要的意义,不论是软件还是硬件都需要不断的调试,最终得到想要的效果。

8.5.1 硬件调试

8.5.1.1 单片机调试

首先系统连接电源,如果按下开关,显示屏没有显示,则需要立即断开开关,检查一下单片机有没有发热或者有没有可以闻到的异味,确保这些都没有后再按下开关,但是本系统刚开始通电的时候,显示屏还是不亮,于是就继续通电,然后把万用表拨到电压挡,用万用表检查单片机的电源与地之间的电压,因为本设计采用的电源模块是 5 V 的充电宝供电,所以测得的电压应该为 5 V,如果万用表测得为 5 V,则检查 30 脚与地之间的电压,因为单片机正常工作的时候,30 脚会产生一个信号,信号为晶振的 1/6,所以也可以测得电压,大概为 1 ~3 V,然后检查复位电路和晶振电路的连接是否正确。晶振接 18、19 两脚,两个电容:一个电容一引脚接地,另一个引脚接 18;另一个电容一引脚接地,另一个引脚接 19。复位电路的电解电容正极接电源,负极接单片机的 9 脚,电阻一脚接单片机 9 脚,另一脚接地,复位开关与电解电容并联。

8.5.1.2 DS18B20 调试

拆掉 DS18B20,并检查 DS18B20 的三个引脚线 VCC、GND 与 I/O 口线,红线连接正极,黑线接地,黄线做数据线连接一个上拉电阻并且与单片机的 21 脚相连,再检查引脚线是否连接短路或者虚焊。

8.5.1.3 蓝牙调试

检查蓝牙的引脚是否接错,蓝牙引脚有 6 个,分别为 STATE、RXD、TXD、GND、VCC、EN,其中 STATE 与 EN 不连接,蓝牙的 RXD 与 TXD 要连接单片机的 TXD 与 RXD,GND 连接单片机的地,VCC 连接单片机的 VCC。连接蓝牙到电路中,用手机搜索蓝牙尝试连接,未连接时指示灯 1 s 闪 2 次,1 次闪 1 下,连接时 2 s 闪 1 次,1 次闪 2 下。本设计遇到的问题是蓝牙与手机配对成功后无法通信,首先检查最小系统,其次检查显示等功能是否正常,最后发现是因为蓝牙模块设置的波特率与单片机内部的波特率不一样,改了设置的波特率之后,蓝牙功能正常。

8.5.1.4 继电器调试

继电器需要用 PNP 型三极管驱动,拆下单片机带电检测继电器,用导线连接驱动继电器的三极管基极与单片机 40 脚相对应的底座 40 脚,观察继电器是否工作,能否听到继电器连接与断开的声音,可以听到继电器连接断开的声音证明继电器工作正常。

8.5.2 软件调试

对于软件的调试,就是对系统的每一个模块部分进行调试,按每个模块单独调试会有条理,减少做无用功。

首先检查晶振与复位电路部分以确定最小系统能够工作,检查显示、温度采集、按键输入等功能是否正常,然后编写显示部分、温度采集部分、蓝牙的写与读程序,再结合目标需求完成的功能来进行 main 主函数的编写,之后用 keil 编译连接验证程序是否编写正确,调试实现功能。

8.5.3 测试结果及数据分析

本设计制作过程中,测试温度的精确性和测试蓝牙实际传输距离是很有必要的,这是检验设计是否成功的标准。

8.5.3.1 温度误差测试

对于实物做了几组测试,分别是用设定好的水温与做好的实物去测试,所测结果为测量温度,设定好的水温为所测温度,测量温度减去所测温度所得绝对值为误差,误差除以所测温度得到绝对误差。温度测试如表 8-1 所示。

表 8-1 温度测试

序号	所测温度(℃)	测量温度(℃)	误差(℃)	绝对误差
1	25.1	25.1	0.0	0.000
2	30.3	30.5	0.2	0.006
3	34.8	35.2	0.4	0.011
4	41.1	41.6	0.5	0.012
5	45.7	46.1	0.4	0.008

测试方法是用更高精度的温度测量仪测得水温,然后用本系统测量此水温。从测试结果来看,误差为系统误差,是因为精度的问题导致的,误差符合设计要求,温度检测可以正常使用。

8.5.3.2 蓝牙连接距离测试

蓝牙传输距离在没有障碍物的时候,理论上可以达到最远 30 m,在有障碍物阻挡的时候一般为 10 m。本设计使用的蓝牙为 HC－05,实测传输距离如表 8-2 所示。

表 8-2 蓝牙连接距离

隔墙数	距离(m)	隔墙数	距离(m)
0	11.71	2	9.84
1	11.06	3	7.64

测试方法是将本系统放在固定的位置,人拿着手机连接上本设计的蓝牙,然后远离此系统,对最大的连接不上蓝牙的距离进行记录。从测试结果来看,蓝牙在只有一道墙阻隔时,传输距离为 11.06 m,满足设计要求,可以正常使用。

8.6 总 结

按照要求确定的系统方案，达到了温度显示与控制的功能。用户可以通过手机远程控制热水器的开关，同时能在手机上实时查看水温，DS18B20 采集水温并将水温信息传输到单片机，当水温低于设定的温度下限时，继电器打开负载工作开始加热；当水温高于设定的温度上限时，继电器断开负载停止加热。通过此控制系统设计得出基于 STC89C52 单片机和蓝牙架构的实时远程控制系统具有较强的稳定性、便携性，与传统的电热水器相比，有着更智能、更安全的优点。

在完成此系统设计的过程中，通过对不同关于热水器系统的研究，所做的工作如下：

(1)通过对不同系统方案的研究，选择了最适合本系统的方案，并对选择的方案进行了合适的修改，使方案更符合此设计。

(2)对软件程序进行了分模块的编写，每一个模块完成目标功能，通过主程序将各个模块的程序组合，经过调试改正程序，完成软件程序的设计。

(3)根据方案进行了元器件的选择，通过对比分析选择了合适的元器件，保证此系统能较好地实现。

(4)对焊接完成的热水器系统进行了性能测试，分别测试了温度精度和实际的蓝牙连接距离，温度测试结果显示出温度虽然存在一定的误差，但是能满足本设计的要求，蓝牙连接距离的测试显示出此系统蓝牙能够满足家用需要。

(5)通过对温度测试的分析，热水器的温度采集应安装在热水器出水口，此为最佳安装位置，能较好地控制水温。

经过对所做系统的实物进行分析测试，此设计达到了要求，能够很好地在实际生活中使用。在完成设计期间，理论和实践是两个概念，从理论到实际的东西不是一步就能完成的，而是需要好多步去完成，理论上是对的东西，做出来之后可能会因为各种原因而达不到想要的结果，这时就需要不断地进行调试与检测，不断地进行调整完成目标要求。

因为时间问题，此设计仍有很多不足和一些需要完善的地方：

(1)热水器系统只能完成对水的温度控制与显示，但是并不能控制水的总量，可以增加检测水是否足够，以及在水不够时自动加水的功能。

(2)此热水器系统也可与太阳能协同使用，在有太阳时，系统自动以太阳能加热为主，电加热为辅，而在不能使用太阳能时，系统自动切换为电加热，这样可以起到节能的作用。

（3）增加用水计量模块，计算出使用的水量，提醒用户合理用水。

参考文献

[1] 侯海涛. 国内外智能家居发展现状[J]. 建材发展导向,2004(6):17-18.

[2] 杜成仁. 智能家居的发展趋势[J]. 智能建筑与城市信息,2011(7):92-94.

[3] 刘海峰. 远程智能家用电热水器控制系统的设计[J]. 电子世界,2017(10): 45-47.

[4] 张海. 基于 AT89C51 和 DS18B20 的最简温度测量系统的设计[J]. 现代电子技术,2007,30(9):85-86.

[5] 张敏. 基于单片机结合模糊控制的电热水器控制系统设计[J]. 现代电子技术,2008(16):39-42.

[6] 韩丽茹. 基于 AT89C51 单片机的防火卷闸门控制器的设计与实现[J]. 石家庄铁路职业技术学院学报,2011,7(2):4-8.

[7] 王云飞. DS18B20 温度传感器的应用设计[J]. 电子世界,2014,23(6):51-53.

[8] 吴延伟. 基于单片机数字温度计的设计[J]. 计算机光盘软件与应用,2011,13(8):27-30.

[9] 吴宇. 基于51单片机太阳能路灯控制系统[J]. 科技风,2011,21(11):33-36.

[10] 黄志刚. 通用型 1602LCD 自定义字符的显示[J]. 电子世界,2015(12):26-27.

[11] 张国栋. 基于嵌入式单片机的多功能数字钟[J]. 计算机光盘软件与应用,2011,17(8):44-48.

[12] 林建华. 自动温控风扇控制系统[J]. 机电技术,2012,5(7):22-24.

[13] 王亭亭. 基于 AT89S52 单片机的音乐播放器[J]. 科技信息,2012(11):32-35.

[14] T Liu. Researah on obex protocol and its implementation in android bluetooth system[J]. Computer Applications and Software,2013,30(2):25-27.

[15] C Zheng. Signal source control system based on android and bluetooth communication[J]. Ship Electronic Engineering, 2013(4):12-15.

第9章　电动车防盗报警器的设计

9.1　引　言

随着科学技术的不断发展,交通工具不断更新,国家也在推行节能环保理念,电动车以其价格便宜、方便、低耗、环保的优势受到中低收入阶层的喜爱。2016年中国一年生产电动车33.6万辆,同比增长62%,产销量均居全球第一。电动自行车的能源是清洁能源的电力,发动机自身的噪声比起耗油的机动车噪声要小很多,没有多少污染排放,对环境有很大好处,使用方便,易推广。目前大多数的汽车及摩托车等机动车辆环境污染比较大,汽车本身的价格以及日常维护和使用都比较耗费钱财,电动车颇受工薪阶层欢迎。

随着街上的电动车不断增加,电动车被盗窃的数量也不断增多,电动车防盗报警器也因此受到许多车主的关注。只有研究出廉价并且实用的电动车报警器,才能更好地解决丢失问题。

9.1.1　研究目的和意义

如今电动车大多停靠在马路边上或者小区地下车库内,无人看守容易被盗窃,本章设计了一种廉价的防盗报警器,通过红外和震动感应检测电动车是否被盗,通过GSM模块向物业或者车主发送短信提醒。本系统是以电路通过以STC89C52单片机为控制核心的电动车防盗报警器,具备防盗和警报功能,并且能够发送短信给人提醒。本书使用热释电红外和震动传感器作为感应模块,运用单片机降低成本,产生较为经济的防盗系统,降低电动车的价格和减少电动车的丢失,保护人财产安全。随着经济能源与人们的需求发展,对于防盗器的更新换代和保护人民自身的财产安全有着很大的意义。

9.1.2　国内外研究现状

电动车防盗的传感器有测加速度、红外、震动的方式,电动车电源到防盗系统的使用还需要转换电压,GSM模块需要AT指令,许多系统还考虑了断电报警和稳定电压,减少干扰。

主要研究方法是使用 STC89C516AD 处理器模块,利用车载蓄电池为系统供电,MMA7260Q 三轴加速度传感器作为感应模块。感应模块主要有 HN911 热释电红外传感器和 CLA－3 全向振动传感器。GSM 模块有的使用 TC35i 模块、EM301 模块、MC391 模块、MZ28 模块。有一些电动车防盗报警器需要密码键盘操作,输入错密码锁定键盘停止操作,几分钟后解锁,第一次报警时间短及再次报警时间长,还能提醒车主电池电压偏低。报警器受震动立刻报警锁死电机,断电记忆可以防止他人自己准备电源开车。

本设计利用热释电红外传感器模块感应人体,震动传感器模块测量震动,共同检测有无人盗窃,通过单向无线遥控模块来控制防盗系统的开关,电源模块供电,通过 GSM 模块发送短信报警。

9.2 系统方案的选择

9.2.1 控制方案的选择

第一种方案,以单片机 STC89C52 为控制核心,以无线遥控控制系统布防、撤防。红外传感器和震动传感器作为感知模块,只有有人靠近和震动到达一定程度才会通过单片机控制 GSM 模块收发短信和声光报警。需要复位模块,实现车主遥控报警。

第二种方案,以 STM32 为控制核心,MMA7260Q 三轴加速度传感器作为感应模块,电源模块将车载电池转换为系统能用的电源,无线电遥控模块实现对系统的布防、撤防控制。通过测量三轴加速度来判断电动车是否在运动,能够检测到震动位移和倾角变化参数。MMA7260Q 三轴加速度传感器可测量动态或静态加速度的范围 $\pm 6g$,使用该传感器可以有效降低成本和系统体积,但该传感器有一个问题是容易误报,没有热释电红外感应器就无法识别是人搬移电动车的震动还是自然界自身的震动。

第三种方案,CLA－3 全向振动传感器的感应模块,以单片机 STC89C52 为控制核心,电源模块将电动车车载电池或者自带锂电池为电路供电,通过 TC35i 的 GSM 模块报警。CLA－3 全向震动传感器灵敏度高,具有全向检测的特点,难以误触发,抗干扰强,输出准数字信号,温度工作范围最高到 60 ℃。

由于 HC－SR501 热释电红外传感器和 HDX 震动传感器比三轴传感器价格低廉,降低成本,STC89C52 存储空间也大不少。本设计的热释电红外传感器和HDX震动传感器已经能够满足需求，仅用一种传感器容易造成误报。考虑红外报警器的工作范围以及工作环境本设计选择第一种方案，红外传感器和震动传感器同时触发才会发出警报，红外传感器触发或者震动传感器单独触发则不会报警。

9.2.2 感应模块方案的选择

第一种方案，使用5.8 GHz微波感应模块和MMA7260Q加速度传感器。微波感应模块利用多普勒效应，其灵敏性、环境适应性、穿透性、隐蔽性比红外热释电模块好。三轴加速度传感器检测上、下、左、右、前、后6个方向信息经单片机判断是否到达阈值，该方案灵敏度较高。

第二种方案，使用红外热释电模块HCSR501和HDX震动传感器。HC-SR501可以在超低电压工作，感应距离可调，感应延时可调。HDX振动传感器，没有感应方向性，各个方向感应灵敏度大致相同。

感应模块是一种能检测人体发射的红外线而输出电信号的电路，系统只有检测到人体和震动才会发出报警，如果检测不到或者灵敏度不高，那么整个设计直接无法使用。第一种方案灵敏性高，但是价格比较高。第二种方案虽然比第一种灵敏度低，但是价格低廉，考虑性价比，且HCSR501和HDX能满足系统技术指标，因此本章选择第二种方案。

9.2.3 远程遥控方案的选择

第一种方案，使用433无线发射接收模块。433无线发射接收模块频率范围是±75 kHz，工作电压DC 3～5 V。

第二种方案，使用315无线发射接收模块。315无线发射接收模块频率稳定范围是±200 kHz，工作电压DC 3～12 V。

远程遥控电动车报警器自身系统的工作，毕竟人不可能自己去按键来开关整个电动车防盗报警器系统。这样太过麻烦，所以就要考虑无线遥控系统的工作。本设计的远程遥控主要是系统地布防、撤防和主动发送短信，无线遥控模块要考虑自身的传输稳定性和自身的传输距离。从成本上考虑。433无线发射接收模块比315无线发射接收模块稳定灵敏度高，315无线发射接收模块比433无线发射接收模块便宜和体积小。考虑成本和设计要求，本设计选择315无线发射接收模块。

9.2.4 GSM 模块方案的选择

第一种 SIM900a。两频 900/1800 MHz,工作电压 3.4 ~4.4 V,下行速率最多 85.6 kB/s。

第二种 TC35i 模块。TC35i 模块工作在 EGSM1800 和 GSM900 的频率范围,在休眠状态下消耗电流为 3.5 mA,TC35i 温度工作范围为 -20 ~55 ℃,TC35i 模块的串口通信波特率相比于 SIM900a 高很多,自动波特率范围也比 SIM900a 高。TC35i 对于电源要求很高。

第三种 SIM800a。SIM800a 作为 SIM900a 的升级芯片,性能跟 SIM900a 相似,但是 SIM800a 硬件参数比 SIM900a 好,而且有彩信、干扰检测、录音和蓝牙功能。

GSM 模块作用通过 SIM 卡向车主或者物业发送短信提醒,而且 GSM 模块要考虑性能和工作温度,本设计的 GSM 模块只需要在报警时发送短信,所以并不需要太高的性能,不需要蓝牙功能,只需要简单的发短信的功能,尽量降低体积和性能,同时要考虑温度对 GSM 模块的干扰。

SIM900a 自动波特率范围的下限比 TC35i 模块低很多,SIM900a 模块体积比 TC35i 模块小并且价格低廉,有时候夏天电动车里面温度可能会达到 55 ℃以上,因而受到干扰,SIM900a 工作温度最高可以到达 80 ℃,受到干扰比较低,适合本设计。本设计选择第一种方案。

9.3 硬件电路设计

此设计主要实现目的是当电动车感应到人体靠近,同时电动车震动达到阈值时发出报警信号并通过 GSM 模块发送短信提醒车主,之后会延时自动重新布防。通过单片机控制布防、撤防。只有同时满足布防状态,红外热释电传感器和震动传感器同时触发,才会发出警报和通过 GSM 模块向车主发送短信。系统主要由采集模块、电源模块、无线遥控模块、GSM 短信模块和声光报警模块构成。系统硬件框图如图 9-1 所示。

9.3.1 单片机控制模块

单片机作为整个系统的控制核心,不同时间内输入和输出不同高低电压到各个管脚,来控制其他模块的工作。STC89C52 单片机相较于 STC89C51 单片机兼容性强,功耗低,抗干扰能力强。用串行口下载程序,使得烧录程序更

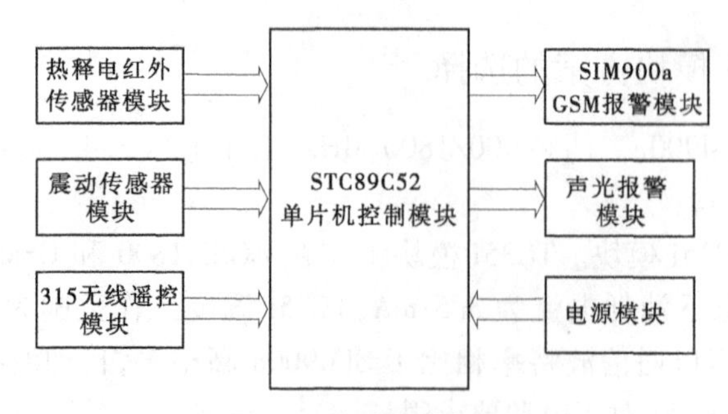

图 9-1　系统硬件框图

方便,能够满足本设计的各种的需求。

当单片机运行中由于干扰等外界原因使得寄存器中数据混乱,最终造成系统不能正常执行或者结果出错过大时,使用复位电路使系统重新开始运行。复位电路电路如图 9-2 所示。

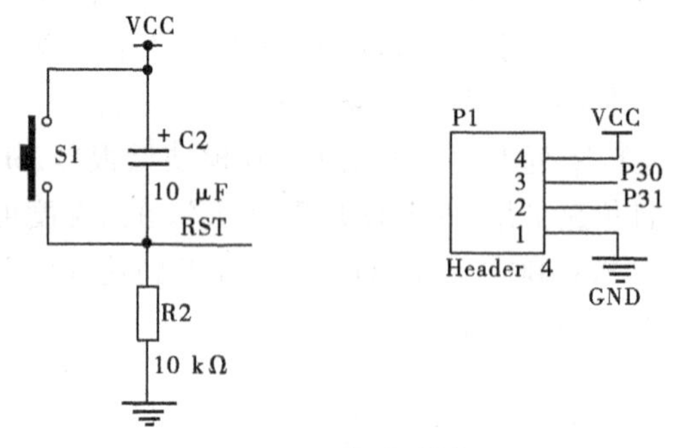

图 9-2　复位电路

单片机跟在时钟驱动下的时序逻辑电路相似,没有时钟就没法定时和进行与时间有关的操作,接 2 个 30 pF 电容和 1 个 11.059 2 MHz 晶振。时钟电路如图 9-3 所示。

9.3.2　电源模块

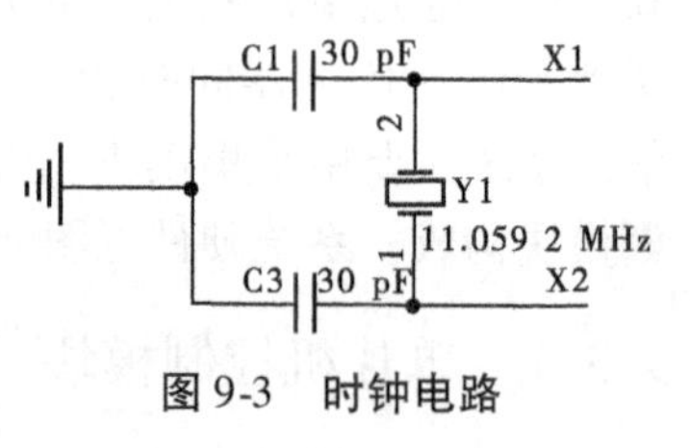

图 9-3　时钟电路

电源供给系统能源,没有合适的电压系统就无法正常工作,本设计采用 DC 接口,电源使用 5 V 电压。STC89C52 可以使用 3 V 和 5 V 电压,使用 USB 线转 DC 接口。DC 接口比较便宜,而且测试时候使用方便。电源接一个总开关控制电源,接一个 470 μF 电容保护电路,防止电压的骤变烧毁电路。二极管 D3 上接一个 R11 电阻保护电路。电源电路如图 9-4 所示。

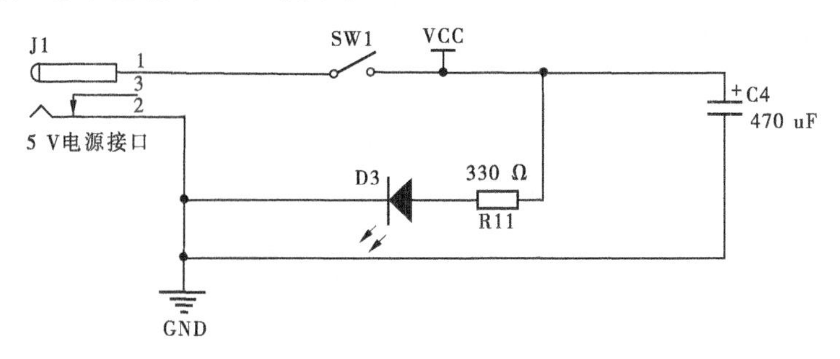

图 9-4 电源电路

9.3.3 感应模块

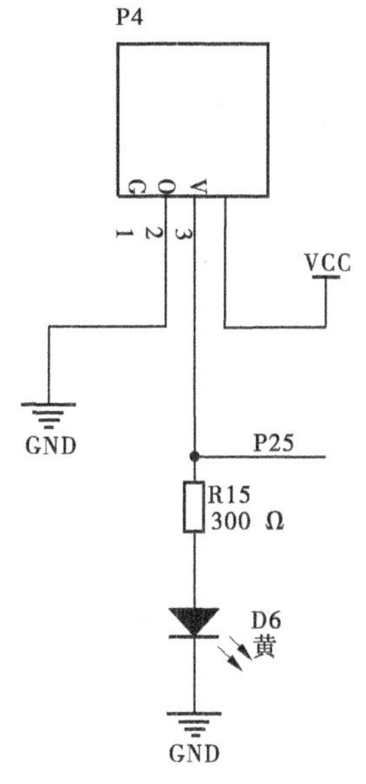

图 9-5 HC－SR501 电路

感应模块本章选择使用 HC－SR501 红外热释电传感器和 HDX 震动传感器作为感应模块，只有两者同时触发，才会发出报警。感应模块超低电压工作模式，便宜常用。

红外感应模块用来感应人体是否靠近，红外感应模块由一个 HCSR501、一个 330 Ω 保护电阻和一个 LED 灯组成，检测到人则输出端 O 输出高电平使灯变亮，人离去延时自动关闭高电平，输出低电平使灯熄灭，将高电平通过 P25 传送给单片机芯片。HC－SR501 电路如图 9-5 所示。

9.3.4 震动传感器模块

震动传感器模块由一个 LM393 双电压比较器和一个 HDX 震动传感器组成。最初设定滑动变阻器的阻值和串联的电阻来设定双电压比较器的基准电压。HDX 震动传感器灵敏度高，不受外来声音干扰，没有方向性，在本设计电路中相当于一个能够感受到震动变化的电阻。LM393 是双电压比较器集成电路，上接 R7、R5、R13 上拉电阻保护电路。23 脚接地，震动传感器感受到震动使得自身电阻变化，电容 C5 电压产生变化，传输到双电压比较器。然后与 IN A－端电压比较，当 IN A－端大于 IN A＋端时，OUT A 端低电平，驱动发光二极管发亮。

滑动变阻器作用是产生比较电压,也就是调整震动传感器的灵敏度。HDX 震动模块电路如图 9-6 所示。

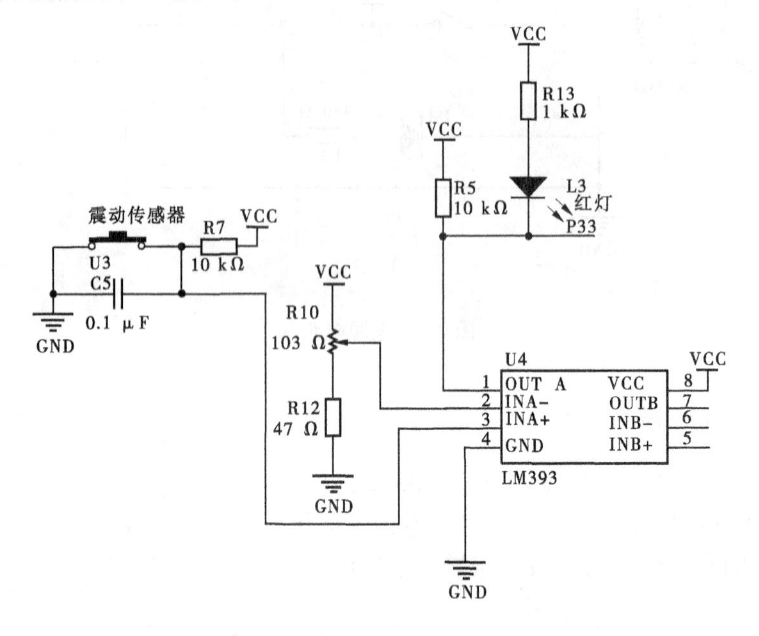

图 9-6 HDX 震动模块电路

9.3.5 无线遥控模块

电动车防盗不可能每次都去接触按键开关,需要无线遥控器。本设计的无线遥控器的功能主要有布防、撤防和主动报警发送短信给车主。315 无线遥控模块为接收电路,工作电压为 5 V,静态电流 3 mA,315 无线遥控模块发射功率比较大,传输距离很远,恶劣条件通信受到干扰也很低。315 无线遥控模块电路如图 9-7 所示。

9.3.6 GSM 模块

GSM 模块的主要作用是通过手机卡向车主或物业发送短信提醒。SIM900a 有两个超大电容,稳定性很好,支持带点换卡,还是标准的卡槽。串口数据发送端 TXD 和串口数据接收端 RXD 连接到单片机上。SIM900a 电路如图 9-8 所示。

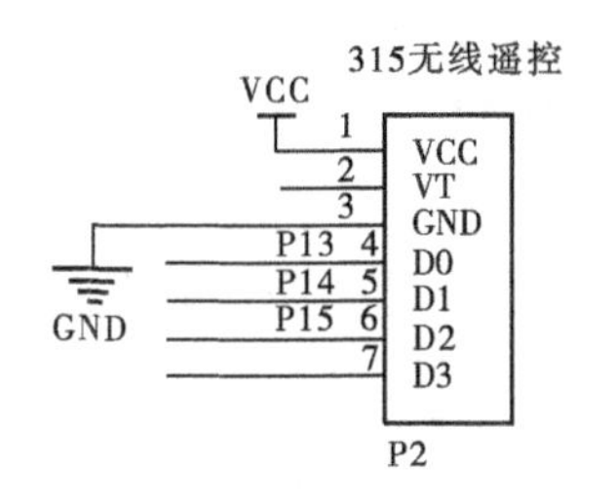

图 9-7　315 无线遥控模块电路

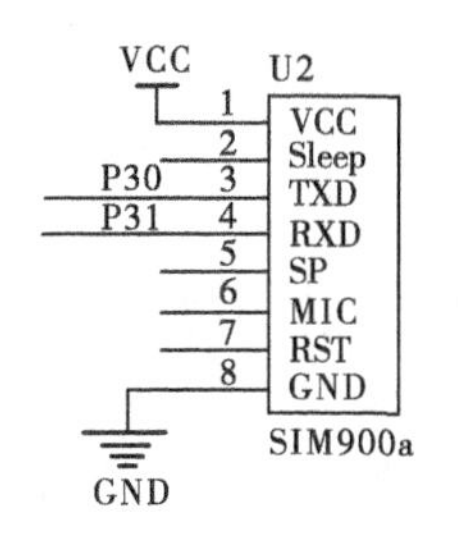

图 9-8　SIM900a 电路

9.3.7　蜂鸣器报警模块

报警模块 TMB12A05 有源电磁式蜂鸣器，额定电压 5 V。P24 为高电平时，Q1 三极管导通，使 B1 蜂鸣器正常工作；P24 为低电平时，Q1 三极管不导通阻塞，蜂鸣器不能正常工作。TM12A05 蜂鸣器电路如图 9-9 所示。

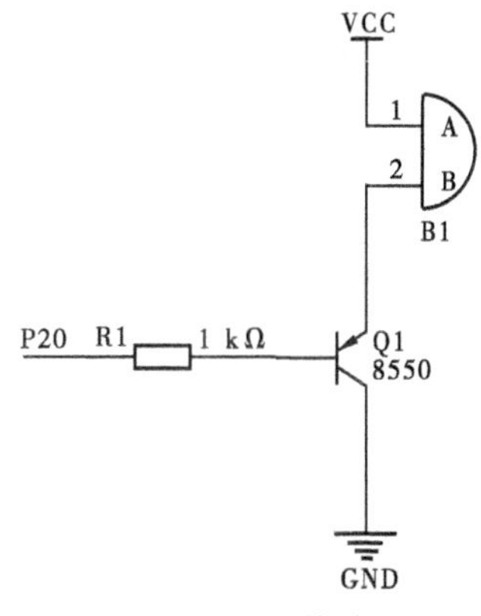

图 9-9　TMB12A05 蜂鸣器电路

9.3.8　指示灯模块

指示灯模块使用发光二极管，红灯是报警指示灯；绿灯是布防、撤防指示灯。布防时绿灯闪烁，布防成功则绿灯常亮；黄灯是 GSM 模块的指示灯，当录入手机号时黄灯常亮，手动按键或者遥控主动报警发短信则黄灯亮一下。指示灯电路如图 9-10 所示。

9.3.9　按键模块

K1 是布防按键，K2 是撤防按键，K3 是主动报警发短信按键。按键电路如图 9-11 所示。

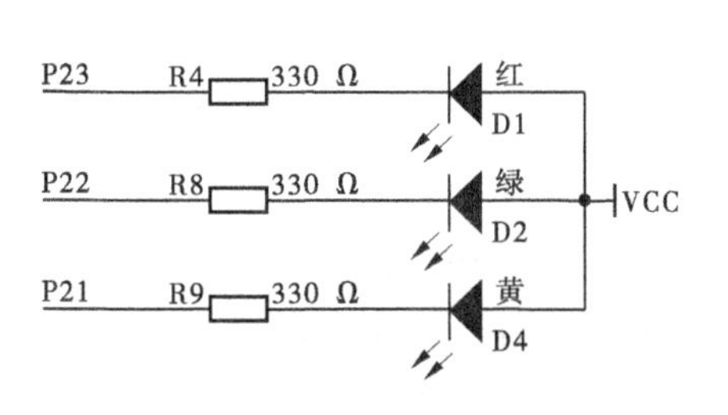

图 9-10　指示灯电路

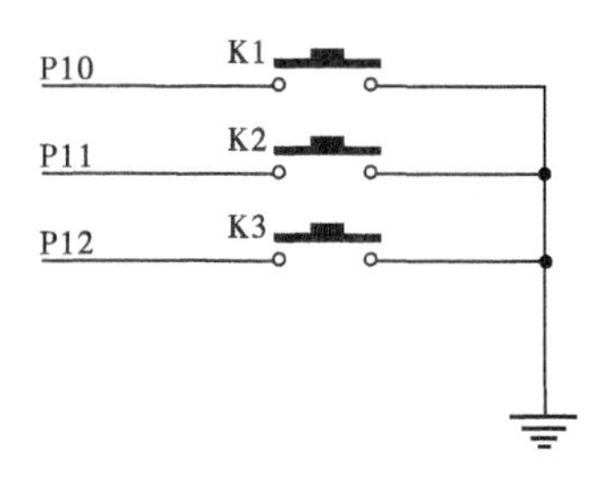

图 9-11　按键电路

9.4 系统软件设计

软件设计十分重要,关系着检测到红外或震动时,直接发出警报而造成误报,还是红外和震动都接收到才发出警报,还关系到报警一次后的延时再次自动布防,遇见再一次红外和震动都检测到再发出警报,减少误报率。通过无线遥控直接发出短信告知车主。主程序流程如图9-12所示。

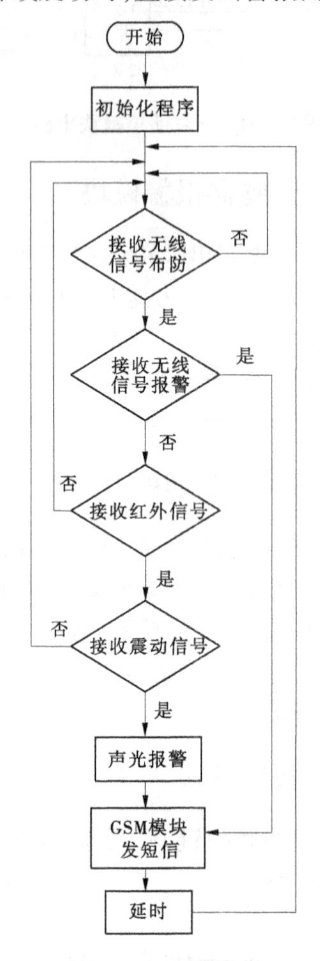

图9-12　主系统流程图

本设计开启总开关,系统初始化。红外传感器和震动传感器直接开始工作,但是此时无论是热释电红外传感器触发还是震动传感器触发,甚至两者同时触发都不会发出报警。只有完成布防状态以后才能触发报警,可以按键控制或者无线遥控布防。布防有一个延时,延时完成后,当红外传感器触发或者震动传感器单独触发时不会报警,重新检测状态。还有热释电红外传感器和HDX震动传感器同时触发时,才能触发蜂鸣器报警,通过GSM模块发送短信提醒物业或车主。之后再经过一段时间延时自动进入布防状态,自己按键或者自己通过无线遥控直接发送短信提醒车主。

本设计红外传感器和震动传感器同时触发才会发出报警,报警后一段时间延时再次自动进入布防状态,这样减少了误报的情况。车主可以根据第一次短信过后是否再有短信提醒来判断是否是有人不小心触碰到了电动车,而且可以在布防状态直接没有延时直接接触布防状态。

9.4.1 震动子程序

本设计的 HDX 震动传感器,当感受到震动时,阻抗变小,串联分压,致使并联电容电压变小,使得 IN A + 端电压变小,通过双电压比较器进行比较,IN A - 端电压 > IN A + 电压端,从而使得 OUT A 端输出低电平,发光二极管导通灯亮。但是如果震动传感器感受不到震动或者震动过小,滑动变阻器和串联电阻的电压不足以使得 IN A - 电压端 > IN A + 电压端,则发光二极管灯灭。可以通过调节滑动变阻器和 R12 电阻的总阻抗来控制 IN A - 电压端电压,也就是双电压比较器的基准电压来控制震动传感器的灵敏度。震动模块流程如图 9-13 所示。

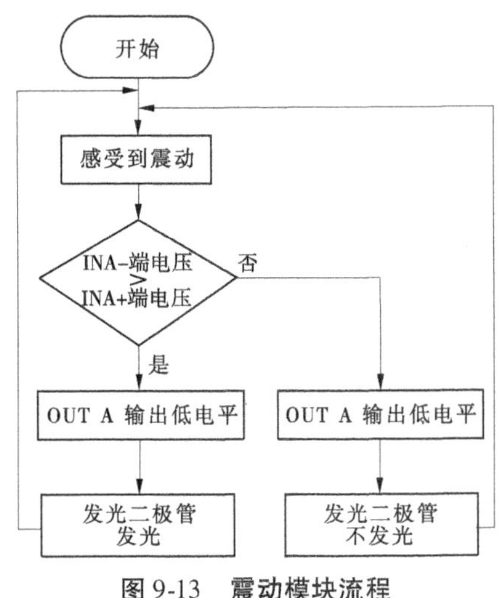

图 9-13　震动模块流程

9.4.2 布防、撤防子程序

开始从按键或者无线遥控发送布防指令,系统开始布防延时。若在延时过程中接收到撤防信号则立即撤销布防,在布防状态下接收撤防信号之后就会撤防。在布防状态下报警发送短信之后进入延时状态,此时接收到撤防信号也会进入撤防状态,若没有接收到撤防信号则会进入布防状态,进入下一个循环。布防撤防流程如图 9-14 所示。

9.4.3 GSM 短信子程序

GSM 模块初始化之后,经过 AT 指令控制。接收到短信指令,设置中心号码。中心号码设置完成后向发送短信方发送英文 SET END 短信,表示设置已经完成,以后当电动车报警器报警触发时不需要再次设置就可以直接向中心号码发送中文短信提醒。在程序中加入条件语句,使报警一次只会发送一条短信,不会重复发多条短信。GSM 模块工作流程如图 9-15 所示。

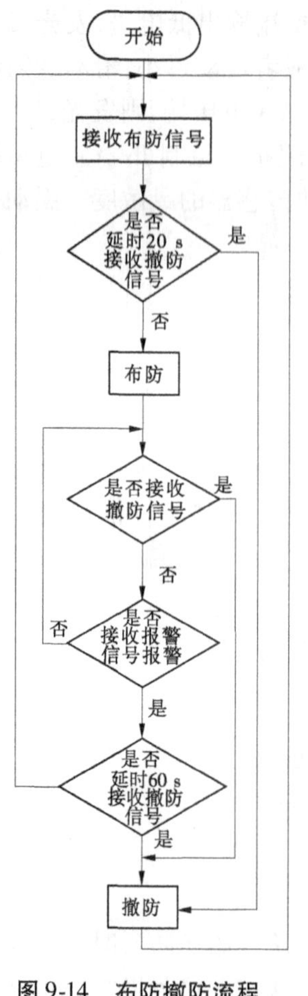

图 9-14　布防撤防流程

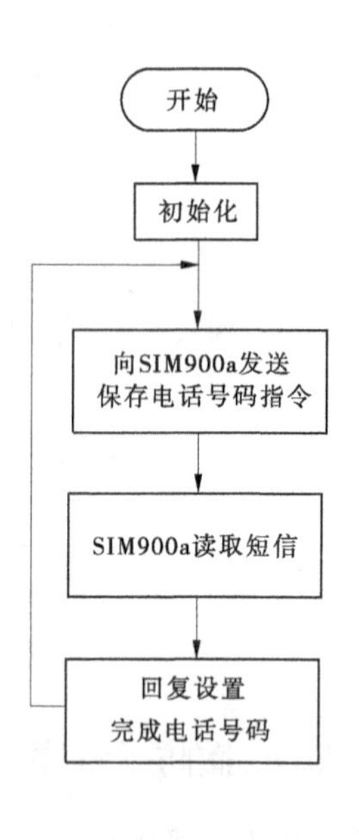

图 9-15　GSM 模块工作流程

9.5　系统调试及结果分析

9.5.1　系统调试

在制作过程中,调试电动车防盗报警器的工作十分重要,调试工作十分烦琐，调试是否成功直接关系着系统能否正常地工作，而且在调试过程中遇见许多难题，调试过程中也会对方案进行改进。以下是在调试中做的工作。

9.5.1.1 光线对系统的影响

本设计采用热释电红外报警器来识别人体，热释电红外报警器能够识别人体散发的红外线。自然界有许多红外线，而且有一些灯光等干扰源可能会直射模块表面形成干扰信号。该型号的热释电红外报警器流动风也是一个干扰源。光线强的时候红外线也强，所以可以通过改变环境中的光照和找风速低的地方来减少自然界红外线和风的影响。

本设计的热释电红外报警器在安装方向上也有要求，左右灵敏度和上下灵敏度不同。人正对探头运动或沿上下方向运动时，热释电传感器检测红外光谱距离变化小，没有差值则感应不灵敏或不工作。所以，本设计的传感器方向测试时与人体活动方向持平。

本设计的热释电红外传感器自身为默认可重复触发模式，同时热释电红外传感器上面有感应延时调节和感应距离调节。这两个在感应的时候需要自己调节。

9.5.1.2 震动的灵敏度

震动传感器检测震动信号改变并联电容的电压，与通过滑动变阻器调节的 LM393 电压比较器的基准电压比较，改变滑动变阻器的阻值来改变电容电压进而调节电压比较器的基准电压，从而改变震动传感器的灵敏度。

9.5.1.3 电压对电路的影响

电动车车载蓄电池组输出电压为 48 V，现在市场上也有很多 48 V 转 5 V 的电源模块，所以只需要设计 5 V 电源就可以了。然而 STC89C52 单片机用的电压是 5 V，而且测试过程中 48 V 电压难找到。为了方便测试选择了 5 V 电压，通过 USB 线转到 DC 接口。为了电路整体的稳定性，电源模块增加了保护电容，许多电路加了保护电阻。

9.5.1.4 无线遥控模块以及天线的选择

本设计采用的 315 无线遥控模块有较宽的工作电压范围(3 ~ 12 V)，从而有较宽的传输距离，可以增大发射电压来增强信号。该 315 无线遥控模块选用 23 cm 导线作为天线，远距离传输时要保持竖立起来。无线电信号传输时受很多外界干扰因素的影响，实用距离甚至都没有达到标准距离的 20%。

315 遥控模块 DF 发射模块垂直安装在主板边缘，离开周围器件，尽量减少周围器件的影响。无线电在传输过程中发生许多折射和反射，容易形成死区和不稳定区域，减少这些因素的干扰增强稳定性。

9.5.1.5 **GSM 模块的初始化和使用**

GSM 模块在使用时候需要初始化。硬件方面需要检查接口无短路,通过 LDO 使 EN 脚给模块上电,检查输出电压,通过 PWRKEY 引脚给模块开机。软件方面需要测试串口通信是否正常,检查 SIM 卡是否 READY,查询 CSQ 是否正确,检查一下是否已经注册到 GSM 网络。

本设计的 GSM 模块发送短信发送的是 TEXT 格式,使用时先设定中心号码,这时先需要读取短信"AT + CMGR = 1",意思是读取指定"1"的内容。回复短信,回复短信先输入"AT + CMGF = 1",再输入"AT + CMGS = 手机号码",回复一条英文短信"SET END"说明设置中心号码成功。最后接收到报警则会发送中文短信,中文短信需要配置发送参数,而且中文短信需要 UCS2 格式。先发送 AT + CSMP = 17,0,2,25,AT + CSCS = UCS2 配置发送时需要的参数,接着通过转换工具把手机号码和短信内容转换成 UCS2 格式,然后输入"AT + CSMP = 转换后手机号码",最后输入短信内容。

9.5.2 结果分析

在制作过程中,测试电动车报警器自身性能是十分重要的,下面简述一下系统测试数据的分析。

9.5.2.1 **人体感应模块测试结果**

热释电红外传感器自身的感应范围、感应距离,人体靠近方式测试结果如表 9-1 ~ 表 9-4 所示。

表 9-1 从正面走向 HC - SR501

测试距离(m)	1	1.5	2	2.5	3	3.5
结果	灯亮	灯亮	灯亮	灯亮	灯灭	灯灭

表 9-2 左右方向运动测试

测试距离(m)	2	2.5	3	3.5	4	4.5
结果	灯亮	灯亮	灯亮	灯亮	灯亮	灯灭

表 9-3 上下方向运动测试

测试距离(m)	1	1.5	1.8	2.4	3	3.5
结果	灯亮	灯亮	灯亮	灯灭	灯灭	灯灭

表 9-4　传感器角度 HC－SR501

测试角度(°)	75	60	45	30	15	10
结果	灯灭	灯灭	1.2 m 内灯亮	2 m 内灯亮	3.5 m 内灯亮	5 m 内灯亮

测试方法是在室内距离该传感器不同距离运动，检测该传感器的红外指示灯是否亮起。

本设计采用的 HC－SR501 人体感应模块向着模块运动或者反方向离开模块的感应距离在 3 m 左右，超过 4 m 就无法感应。当人体沿左右方向运动时，也就是使人体感应模块切割自己则感应距离在 3.5 m 左右，超过 4 m 就无法感应。当人体沿上下方向运动时，感应距离在 1.8 m 左右，超过 2 m 就没有感应。侧对着该传感器的角度范围在 45°左右时，感应距离在 1.2 m 附近，30°左右时感应距离在 2.1 m 附近，15°左右时感应距离在 3.4 m 附近。实际资料的正对着感应距离应该在 5～7 m，与 50°左右时感应距离 3～4 m 相比差了很远，可能是没有调节 HC－SR501 上面的延时调节和距离调节的关系。表 9-1～表 9-4的测量数据说明该传感器安装使得探头双元方向与人体活动最多的方向最好相平，该热释电红外传感器在 1.8 m 之内各个方向的感应灵敏度能够满足要求。该传感器的后面区域检测不到，所以该传感器放到车头或者车尾检测。该 HC－SR501 人体感应模块的适用角度只有偏角 45°左右，安装时候需要更加注意。

9.5.2.2　无限遥控模块测试结果

无限遥控模块的传感器距离和穿透性的测试结果如表 9-5、表 9-6 所示。

表 9-5　无限遥控模块的传感器距离测试结果

测试距离(m)	5	6	7	8	9	10
结果	灯亮	灯亮	灯亮	灯灭	灯灭	灯灭

表 9-6　无限遥控模块传感器穿透性的测试结果

隔墙数	1 墙	2 墙	3 墙	4 墙	5 墙	6 墙
结果	灯亮	灯亮	灯灭	灯灭	灯灭	灯灭

本设计采用 315 无线遥控器传输距离在 10 m 以上，完全可以满足系统要求。该遥控器能够跨越普通的 2 墙，说明穿透性也不错，能够满足自身的要求。

9.6 总　结

本设计用热释电红外报警器和震动传感器作为感应模块，通过无线遥控系统开关，报警后通过 GSM 模块向车主发送短信。再以红外与震动传感器共同作为感应装置，只有两者同时触发才会发出警报，大大降低了误触发的可能性，而且可以通过 GSM 模块通知物业或车主查看车辆情况，从而降低电动车辆被盗的可能性。

本人对于电动车防盗报警器做了许多调查，对于实物制作中的各个问题进行了许多思考，选择了比较适合的方案。在本设计中选择了一些比较成熟的模块，比如 LM393 双电压比较器、HC - SR501 人体感应模块、315 无限遥控和 SIM900a GSM 模块。降低了开发时所耗费的时间。

(1)在元器件的选择上面，考虑了加速度传感器，还有单独的高灵敏的震动传感器，最后选择了红外和震动一起，这样误报率低一些。还有无线遥控器、GSM 模块的选择价廉，满足使用需求即可。

(2)在测试方面，选用 HC - SR501 热释电红外传感器可以满足本设计电动车防盗需求。HDX 震动传感器也可以满足电动车防盗报警器的需求。无线遥控模块更是性能优良，GSM 模块性能优良，但是该传感器的探测角度范围有问题，安装时与人体活动方向平行，否则感应不够灵敏。

(3)在设计中考虑了延时，为了防止一次报警发送多次短信，还做到了报警后自动延时布防。根据短信是否再次发送来判断是否误报，减少了误报率。

(4)对于震动传感器可以根据滑动变阻器来调节双电压比较器基准电容，调节震动传感器的灵敏度。

通过上述测试，基本可以满足电动车防盗报警器的要求，测试的红外传感器的探测角度并不太够，虽然能够满足需求，但是只能安装在车头车尾，这些在当初都没考虑到，只考虑了有红外和震动同时触发，后来测试时才发现许多问题。

由于时间有限，本设计还有许多可以完善的地方。在很多方面都存在一些不足，需要改进。

当震动到达一定程度时就应该报警加发送短信，防止机械搬运时检测不到人体。红外应该拥有多个探测点，用来更加精准地检测，防止单个传感器检测不到或者不灵敏。作为感应模块，还可以利用 SIM900a 模块上的更多功能实现呼叫车主等许多功能，可以通过 GSM 模块增加定位功能，在电动车被盗时可以通过定位寻找电动车。

参考文献

[1] 李志. 电动车的大规模发展依然任重道远[J]. 当代石油石化,2018,26(01):30-35.

[2] 杨瑞. 基于 MMA7260Q 加速度传感器的电动车防盗报警系统[J]. 科技信息,2010,24(14): 499-500.

[3] 李晓虹. 双路防盗报警器的设计与实现[J]. 电子技术,2016,45(09):63-65,50.

[4] 焦卫东,朱林杰. 红外防盗报警器的方案设计[J]. 嘉兴学院学报,2010,22(03):84-87.

[5] 周艳丽,魏宗寿. 利用 TC35i 和 PC 机实现短消息的收发[J]. 现代电子技术,2007,56(15):188-190.

[6] 段荣霞,崔少辉. 单片机与 GSM 模块通信技术的研究[J]. 国外电子测量技术,2012,31(01):79-82.

[7] 朱本奇. 一种基于红外传感器的防盗报警装置[J]. 科技创业月刊,2010,23(10):193-194.

[8] 马士宝,等. 基于 GSM 模块的无线报警系统设计[J]. 长春理工大学学报(自然科学版),2009,32(01):51-53.

[9] 陈宁坡,等. 基于 GSM 短消息的家庭防盗报警系统设计[J]. 河北工业科技, 2013,30(02):104-108.

[10] 潘学文,王增荣,陈明武. 基于单片机和 GSM 模块的红外防盗报警系统[J]. 湖南科技学院学报, 2016,37(10):26-28.

[11] 严文娟,唐开琼. 基于单片机的红外防盗报警系统的设计[J]. 数字技术与应用,2011,35(12): 8-10.

[12] 段荣霞,崔少辉. 单片机与 GSM 模块通信技术的研究[J]. 国外电子测量技术,2012,31(01): 79-82.

[13] IQURE V. Security issues in SCADA networks[J]. Computers and Security,2006,68(7):498-506.

[14] SCHOPFH,RUPPEL W,WURFEL P. Voltage responsivity of pyroelectric detectors on a heat sink substrate[J]. Ferroelectrics,1991,87(8):297-305.

[15] 王骐,何嘉斌. 单片机控制 GSM 模块实现短信收发的软件设计[J]. 单片机与嵌入式系统应用,2005,39(01):63-66.

第10章　智能家居控制系统的设计

10.1　引　言

智能家居是把自动控制技术、电子信息技术、互联网技术结合起来，共同应用于家庭住宅中。在原来的智能家居控制系统的构想中，是通过网络智能终端将家庭设备、住宅环境等联系起来。随着近年来的物联网技术的发展大大促进了智能住宅控制系统的飞速发展，不仅具有传统家庭的功能，也具有监控家庭环境、信息交换以及控制家电运行的功能。目前的智能住宅控制系统虽然有一定的发展，市场上产品众多，但是各类产品的多元化使得产品没有统一的标准，相互之间不能兼容，阻碍了家居智能化的快速发展，因此研究具有更好兼容性、低成本的智能家居控制系统成为一种发展趋势。

10.1.1　研究目的及意义

智能家居是未来科技发展和人们生活追求的方向，目前，但很多人感觉智能家居距离他们很远，智能家居在国内的普及率还是很低，从侧面反映了我国一个令人尴尬的问题。本文设计智能家居控制系统就是希望从最小的生活方面设计实现智能化，实现高科技、低成本的智能家居，通过推广智能家居在我国的市场，提高人民的整体生活水品，激发我国的科技创新，增强我国的科技实力，提高在世界上的影响力，体现我国节能环保，以及对世界的贡献。

10.1.2　国内外研究现状

智能家居在欧美国家起步早、发展快，技术领先大多数国家，市场规模也很大。美国在智能家居方面具有成熟的X－10系统，用线少但施工难度大，成本也高。德国的EIB系统、新加坡的8X系统也都有一定的市场规模，在他们国家普及率很高。日本在智能家居研究方面很是别具一格，正如大家听说的国人疯狂地购买日本马桶，他们的马桶是智能马桶，每次上厕所可以测量血压，检测尿液中的血糖含量，对于患有那些方面疾病的病人很是方便。智能家居把智能充分体现在各个小家庭用电器上。

目前,我国智能家居的研究主要针对安防。由于互联网的快速发展,无线技术的成熟,国内的智能家居大都是无线 Wi-Fi 技术,通过家用电器的联网,利用智能手机对家电的控制及监控。国家现在大力提倡网络降费提速,推动互联网的普及率。相信未来家家户户会像用电一样,都会安装上宽带,国内的联网智能家居电器到那个时候会自然而然地进入千家万户。

10.2 系统方案的选择

10.2.1 处理器的选择

本文设计的智能家居以单片机作为核心处理器,选择单片机型号至关重要,因此对单片机做了仔细的研究和对比。

方案一:使用 AT89C52 单片机,可进行支持外接电路控制,内置有总线,可通过总线协议对外接设备控制,对多 I/O 口操控可更简单操作。支持外接晶振输入,可以根据需求选择外接晶振频率。支持上电复位及按键复位连接,可通过内部协议进行与外部设备通信接连,支持 TTL 电平通信。

方案二:选择 STC89C52 单片机,相较于 AT89C52,其除具有以上特点外,还有可以通过如今流行的 USB 串口下载,具有工作电压范围广、低功耗等特点。

综合比较分析,本书设计选用单片机 STC89C52RC,对工作环境要求比较低,反应速度快,也与自己的实际学习能力相符合,实际使用时更加熟练,易操作,因此选择用单片机 STC89C52RC。

10.2.2 温湿度检测模块的选择

方案一:温度和湿度传感器两个模块。

方案二:DHT11 温湿度集成模块。

温度与湿度的检测经常使用湿度检测模块和温度检测模块,用优质的 HR202 湿敏传感器和 DS18B20 温度传感器对两个模块进行设计。本章为了实现高度集成化、减小体积,最后选择了具有高精度、响应快、防干扰能力强的温湿度模块一体的 DHT11,数字量输出,配合显示器 LCD1602 也合适,价格也更便宜。

10.2.3 人体检测模块的选择

方案一:通过超声波检测两物体间距离判断是否有人体进入,利用超声波测量检测区域,通过对检测物体距离与设定距离大小的比较,判断检测区域是否有人体出现。但这种方式检测人体误差较大,不能分辨人体与其他物品,容易造成误判,且使用体积大,不方便。

方案二:通过热释电传感器探头检测。热释电传感器通过检测判断区域内是否有人体红外辐射,从而判断区域内是否有人体出现。其人体检测不容易被干扰,且器件体积小、功耗低,具有很好的隐蔽性,价格也比较低廉。

综合以上方案比较,本设计选用热释电模块进行对人体的检测。

10.2.4 显示模块的选择

外部显示可选择数码管显示或液晶显示。数码管显示具有局限性,其只能数字及背光调节。液晶显示具有连接性,外观显示更为美观,而且在显示同等数据的情况下,液晶显示使用一块即可,而数码管需要多个才能达到要求,会增加设备体积,对后期电路焊接成品体积不方便。所以选择使用 LCD1602 液晶显示。

10.2.5 无线模块的选择

使用无线数据传输时,可选择 Wi-Fi 信号数据传输及蓝牙连接数据传输。使用 Wi-Fi 无线传输数据,在进行数据传输时,需开启设备 Wi-Fi 功能,利用手机开启 Wi-Fi 功能传输数据,传输距离远,但成本高。使用蓝牙数据传输时,数据传输时只需开启设备蓝牙即可,且蓝牙设备抗干扰性强,不易造成传输数据丢失或干扰,成本也低。所以,选择蓝牙连接数据传输。

10.2.6 电机驱动的选择

设计中对百叶窗的控制需要外接电机,但单片机输出电压过低无法完成对电机的驱动,需要使用驱动电路对电机驱动。电机驱动可选择使用 LM298 模块进行对电路电压的放大以便驱动,其电路复杂且所有芯片价格较贵。设计使用 H 桥电路实现对电压的放大以驱动电机,H 桥电路由三极管组成,电路连接简单易懂,且只需使用几个三极管就可实现对电机的驱动,成本更低。

10.3 硬件电路设计

本设计由单片机 STC89C52RC 作为最小系统,液晶显示模块、温湿度传感模块、热释电感应模块、语音播报模块、按键模块、电机驱动模块、光敏检测模块、报警模块、电源电路等组成。液晶显示模块是用来显示温湿度以检测家庭中的温度与湿度情况;按键用来设定温度及湿度的上下限,如不在设定范围内,报警电路就会报警;热释电模块检测是否有人靠近门,如果有人靠近,语音模块会进行语音播报“欢迎光临”;光敏电阻模块检测光线的变化,通过ADC0809来控制电机的转动进行调节百叶扇的闭合状态;利用手机蓝牙远程遥控灯的开关;整个设计电路用电源为供电电路。系统结构如图10-1所示。

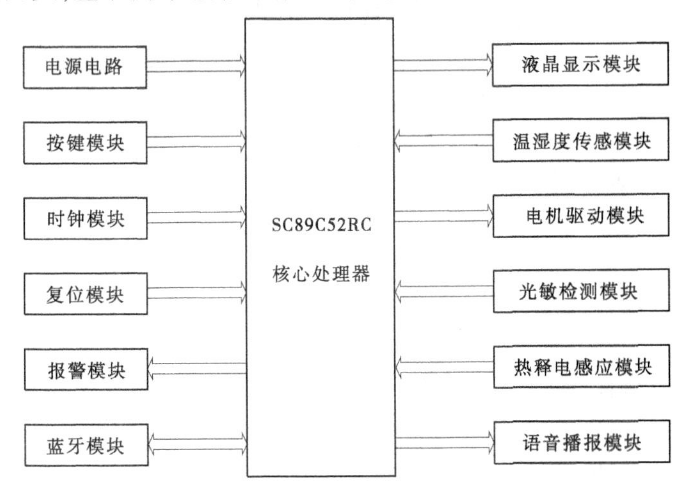

图10-1 系统结构

10.3.1 单片机最小系统

使用STC89C52RC单片机通过I/O口外接温湿度传感模块、热释电感应模块、语音播报模块、光照检测等扩展电路,单片机通过I/O口接收各个模块信息,通过C语音程序的编写,进行对相关数据的处理及对外接电路的控制。同时,单片机通过外接复位电路实现对单片机软件的复位,以免因操作不当造成设备设置失误,而出现错误命令的执行。外接时钟电路为单片机提供时钟源,在程序执行时实现对程序的延时及对相应芯片时序进行设置,便于对芯片的使用。通过P30和P31的复用功能外接蓝牙芯片,实现单片机与蓝牙之间的通信。最小系统如图10-2所示。

10.3.1.1 复位模块

复位电路可采用上电复位及按键复位方式,本设计中采用按键复位方式,即在应用中可使用按键手动将电路复位。设计中按键复位通过按键,改变电平方式,使RST端经过电阻与电源正极接通实现复位。电路中接10 μF电解

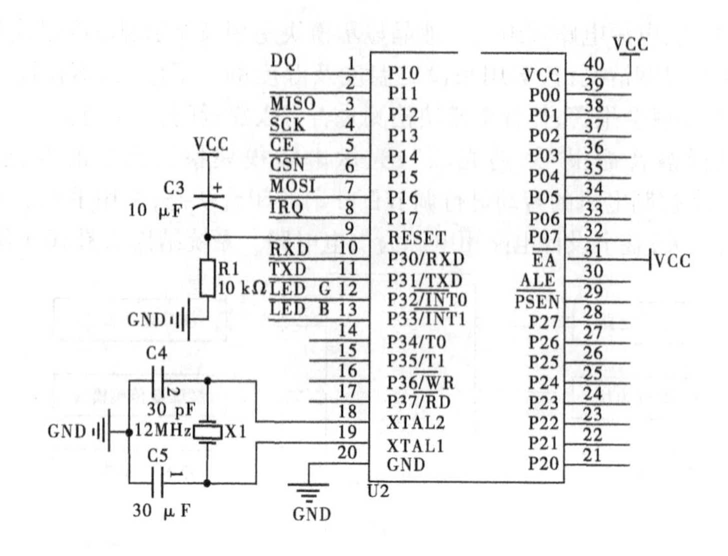

图 10-2　**最小系统**

电容和 1 kΩ 电阻,通过电容充电计算 1 kΩ×10 μF=0.1 s 可得,在电源上电时,对单片机进行上电复位。复位电路见图 10-3。

10.3.1.2　时钟模块

STC89C52RC 单片机最小系统包含时钟电路。时钟电路通常可以使用两种方式产生:即通过内部或外部时钟产生,本设计采用外部 11.059 2 MHz 晶振产生时钟脉冲信号,并在两端连接 30 pF 电容用于稳定频率和快速起震,掉电保护功能很好地解决了突然断电的问题。时钟电路如图 10-4 所示。

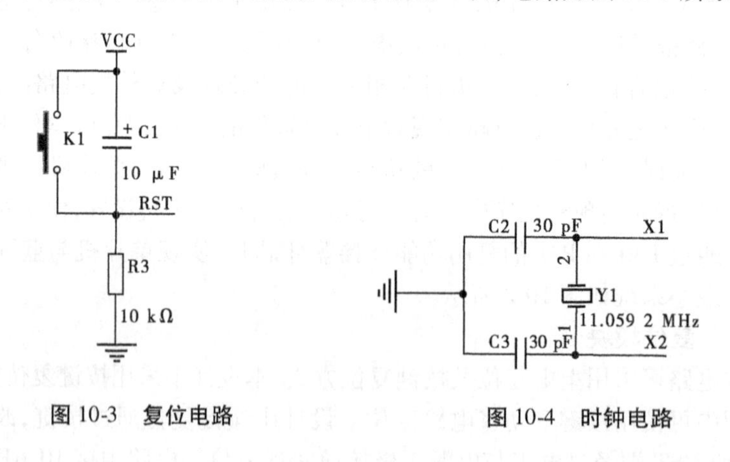

图 10-3　**复位电路**　　　　图 10-4　**时钟电路**

10.3.2 温湿度传感模块

采用 DHT11 模块实现对外部温湿度数据的采集。DHT11 通过内置芯片采集外部温湿度模拟信号并转化为数字信号，通过与单片机 I/O 口的连接，将采集的数据发送给单片机，单片机通过读取信息并判断正确性，然后发送给相应设备显示。同时单片机外接有按键设施，单片机通过读取按键信息，判断是否对温湿度信息进行相应的设置、更改。温湿度传感 DHT11 电路如图 10-5 所示。

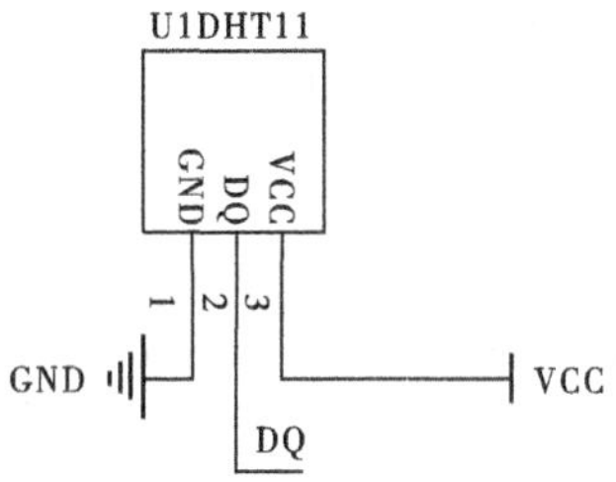

图 10-5　DHT11 电路

10.3.3 液晶显示模块

使用 LCD1602 液晶显示屏与单片机连接实现对数据的显示。LCD1602 的 RS、RW、EN 引脚与单片机 I/O 口连接，单片机通过对引脚的电平控制实现对 LCD1602 数据的输入。其 VDD 引脚外接 103 滑变电阻，可通过调节外接电阻实现对液晶背光灯亮度的调节，以及电路功耗的调节。同时可通过单片机外接按键选择不同的显示模式及对显示数据的调节。液晶显示模块电路如图 10-6 所示。

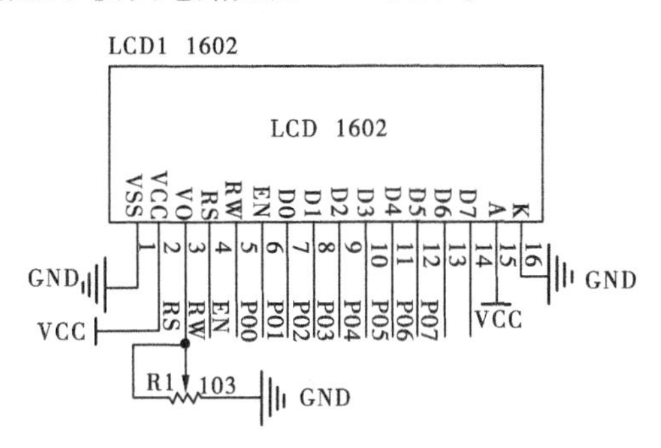

图 10-6　液晶显示模块电路

10.3.4 热释电感应模块

热释电感应模块通过检测人体红外实现对人体的检测，但热释电检测信号较小，无法进行信号的识别判断，故需要设计电路实现对信号的发大。电路接有 LM324 运放芯片，采用两级放大电路，实现对采集信号的放大，并通过电压比较电路判别信号。当人体进入检测区后,电压比较器 LM324 引脚 1 输出低电平给相连接的单片机,单片机读取引脚电平信号判断是否有人进入,做出相应的信号输出。若检测到有人体进入,则单片机给语音信号,让语音模块运行,做出语音播报输出。热释电的感应范围为侧面(锥形 100°),但是从正面看热释电感为 180°,可以有效地检测所有的不明人员的出现。热释电模块的感应范围如图 10-7 所示。

本产品设计采用的热释电模块 HC－SR501 较为灵敏可靠,能够感应生物的红外线,配合各种供电的产品使用。热释电模块的三个引脚分别为 VCC、GND、OUT 信号输出端口,根据该热释电工作电压将其安装在 5 V 引脚,根据就近的方法把 OUT 信号输出配置在 PB8,在单片机内部把 PB8 配置为输入模式。使用时热释电检测到有人后,通过 PB8 引脚给单片机输入高电平以通知单片机。热释电模块与 STM32 芯片引脚连接如图 10-8 所示。

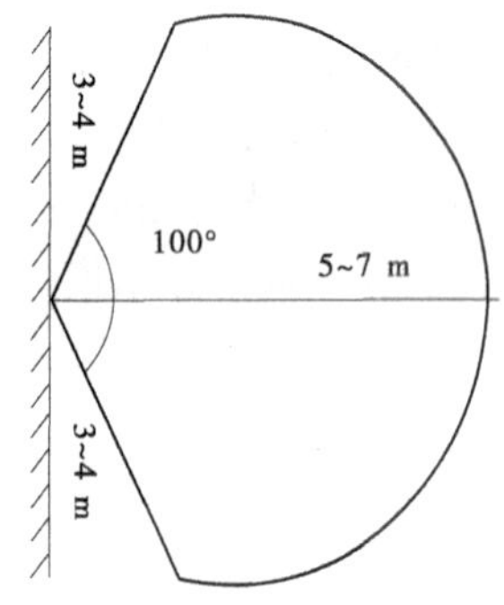

图 10-7　热释电模块的感应范围

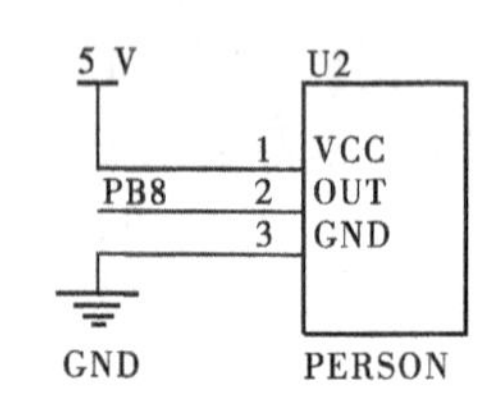

图 10-8　热释电模块与 STM32 芯片引脚连接

10.3.5　语音播报模块

为使电路可以在人体进入时进行语音欢迎播报,使用 ISD1420 语音芯片构成相应语音电路。电路接有 LED 指示灯,当进行语音播报时指示灯亮起。因语音信号具有易受干扰的特性,电路加有电阻、电容构成滤波电路,防止信号的干扰。同时电路中接有按键,用户可通过按键调节语音播报,进行对不同场合的人体检测播报设置,使设置更加人性化,为用户使用提供不同的个人选择,也可以使用按键选择对语音设置的检测。语音播报电路如图 10-9 所示。

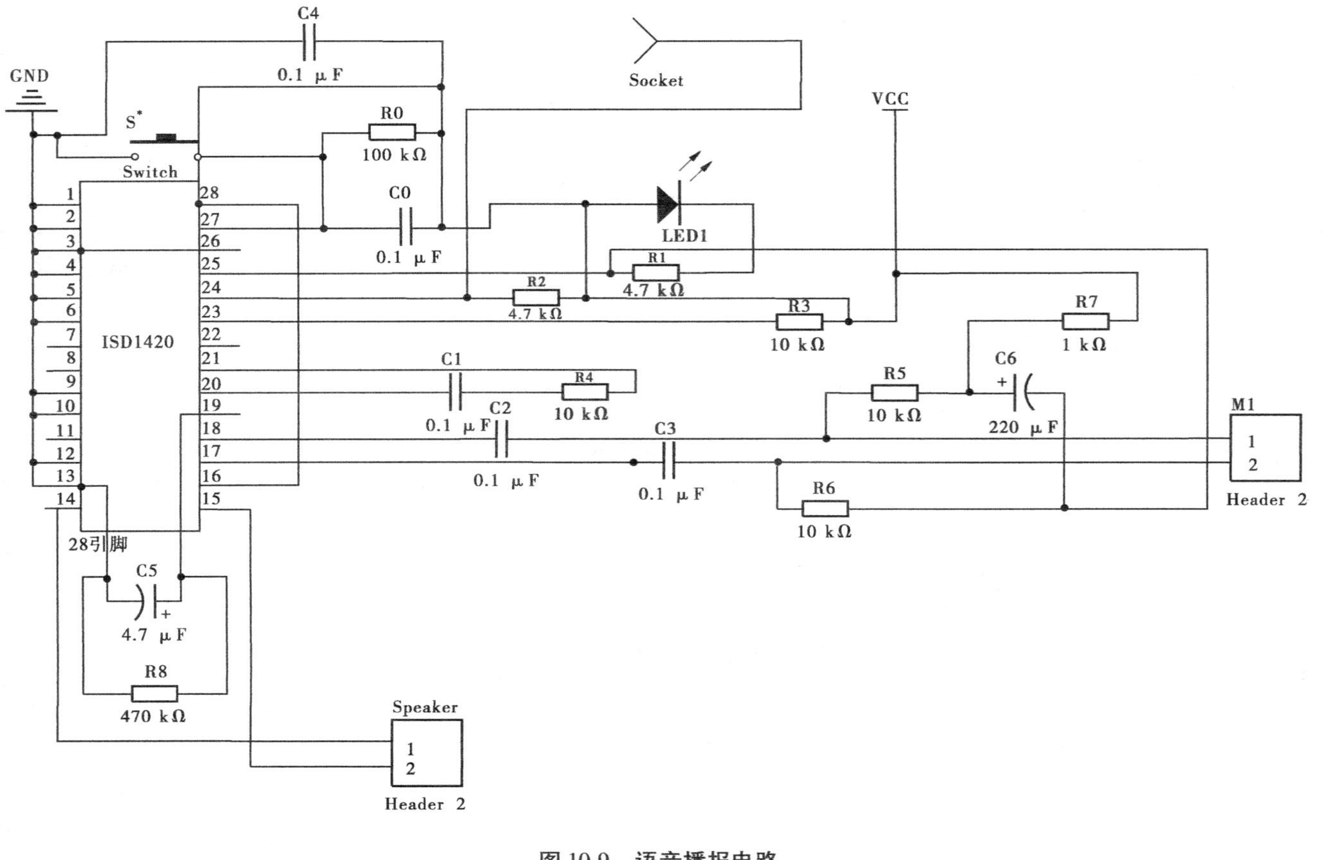
GND
C4
0.1 μF
Socket
VCC
S*
Switch
R0
100 kΩ
C0
0.1 μF
LED1
R1
4.7 kΩ
R2
4.7 kΩ
R3
10 kΩ
R7
1 kΩ
ISD1420
C1
0.1 μF
R4
10 kΩ
C2
0.1 μF
R5
10 kΩ
C6
220 μF
C3
0.1 μF
M1
Header 2
R6
10 kΩ
28引脚
C5
4.7 μF
R8
470 kΩ
Speaker
Header 2

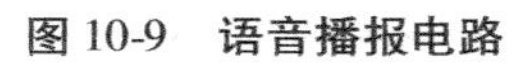
图 10-9　语音播报电路

10.3.6　光敏检测模块

采集光强模块是三针制的光敏电阻传感器，工作电压和红外对管传感器一样，都是3.3～5 V，功耗较低。光敏电阻传感器是一个利用光敏元件能够将采集到的光信号转换为电信号的传感器。模块内部有一个LM393电压比较器、电源指示灯和开关指示灯。电源指示灯用来判断模块是否正常通电，开关指示灯发光表示环境光线较强，不发光表示环境光强较弱。模块共有3个管脚，1个接VCC，1个接地，1个是数字信号输出端口，直接与单片机的I/O口相连接，可以将采集到的光信号转换为电信号之后发送数字信号0或者1给单片机进行处理。模块内部电路和光敏模块电路如图10-10、图10-11所示。

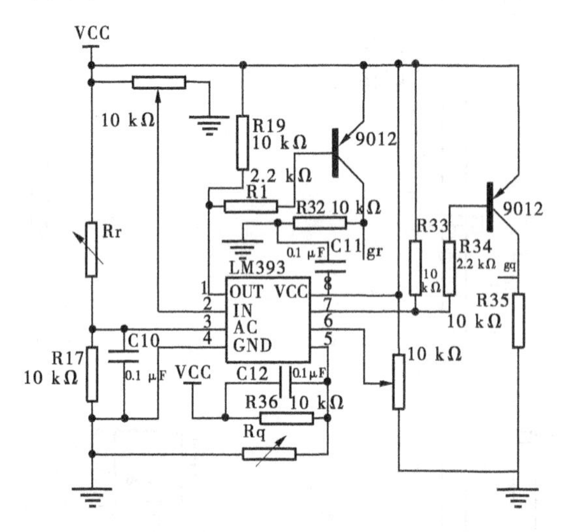

图10-10　模块内部电路

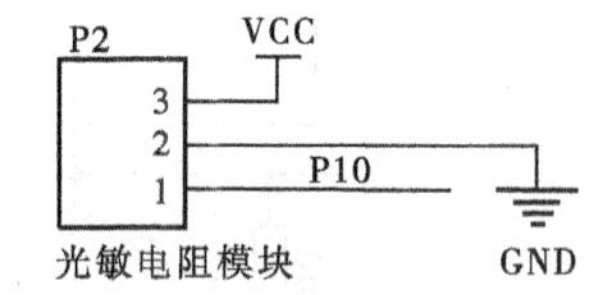

图10-11　光敏模块电路

10.3.7　电机驱动电路

电机驱动电路采用H桥电路实现对电路电压的放大，以满足对电机的驱动。电路外接单片机引脚，单片机通过改变I/O口电平，使电路两端电压产生压差，电机两端不同电压构成通路，使电机转动。电路根据两端电压不同控制电机转动方向，当P26端口电压为低，P27端口电压为高时，Q2、Q7三极管导通，电机左转；反之，当P27端口为高，P26端口为低时，Q3、Q6三极管导通，电机右转。电路加有开关二极管，可防止电压过高导致电机烧毁。电机驱动电路图如图 10-12 所示。

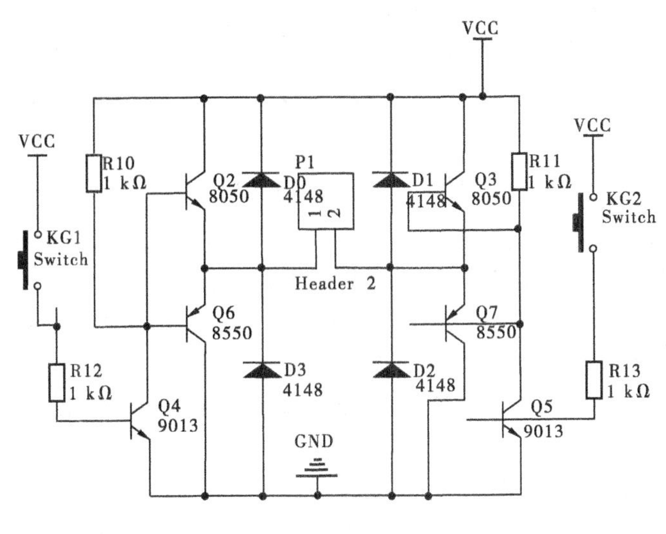

图 10-12　电机驱动电路

10. 3. 8　报警电路

电路使用蜂鸣器进行报警。电路选择蜂鸣器与三极管集电极连接，一端接电源正极，三极管基极与单片机连接，发射极与电源地连接。单片机通过给三极管基极低电压使三极管导通，蜂鸣器发出警报。当单片机检测到温湿度超出设定的温湿度任意一个值后，发出指令使蜂鸣器报警，当检测到温湿度回到正常状态后，发出关闭报警指令，蜂鸣器报警取消。也可以人为地关闭报警器，进入下一个检测周期。报警电路如图 10-13 所示。

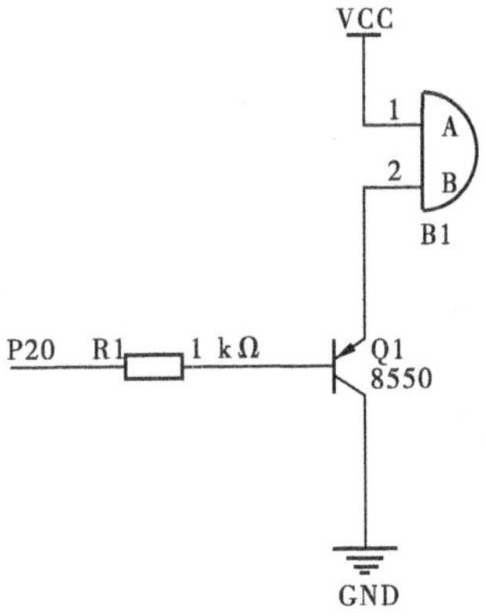

图 10-13　报警电路

10. 3. 9　按键电路

10. 3. 9. 1　设置按键电路

本设计中接入少量按键，通过按键改变单片机的引脚电平，实现对外在电路的控制。按键电路是四个按键分别与 STC89C52RC 的 P31、P32、P33、P34 口相连，再分别与 K1 ~ K4 相连。按键电路连接如图 10-14 所示。

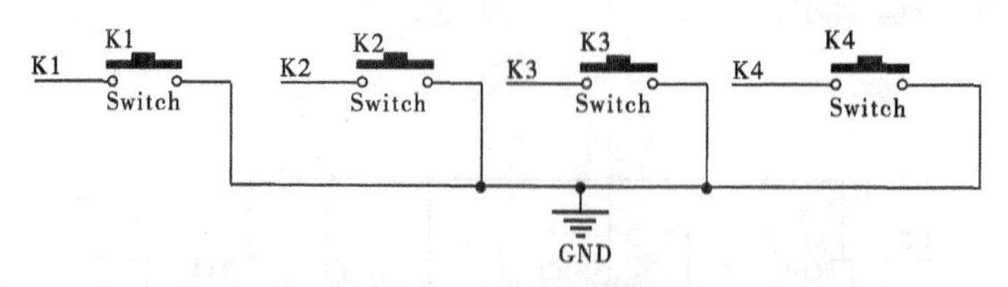

图 10-14　**设置按键电路**

按键一端接地,一端与单片机 I/O 口连接,按键按下,给单片机 I/O 输入低电平信号,单片机通过对 I/O 口的检测,判断按键是否按下,如按键按下,做出相应改变。电路中 K1 按下液晶显示改变,进入设置模式,通过 K1 按下次数不同,可进行对不同数据设置的改变。在 K1 按下之后,通过按键 K2 实现对数据的增加,通过按键 K3 实现对数据的减少,K4 按键为退出键,按下退出设置模式。

10.3.9.2　电动机按键电路

在光敏电阻被手动切换电路后,异步电动机不再受光照强度的影响而有所动作。此时的电动机可以人为地手动控制电机正反转,如图 10-12 所示电机手动按键中 KG1、KG2 按键,手动控制百叶扇的开关。

10.3.10　蓝牙电路

选用 HC－05 蓝牙芯片进行单片机与蓝牙、蓝牙与手机的数据传输。为正常实现蓝牙与单片机之间的通信,蓝牙的 TX、RX 引脚分别与单片机 P30(RX)、P31(TX)引脚相连接,使用单片机 P3I/O 口的复用功能,进行蓝牙与单片机之间的数据传输。该型号蓝牙芯片支持 5 V 电源输入,可直接与电源连接如图 10-15 所示。

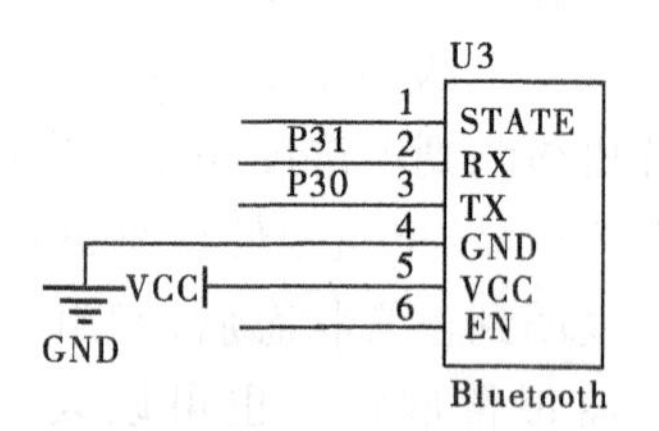

图 10-15　**蓝牙电路**

10.3.11　电源电路

电源是一套系统中最基本也是最重要的部分,没有电源,任何器件都不能工作。本设计中所使用的元器件的工作电压都可以用 5 V 电源,该模块使用 USB 转 DC 插座来供电,插座和系统中间用自锁开关来控制。为了在系统工作中更直观地分辨出是否通电,还加了一个电源指示灯。电容可以有效地保护电路,防止系统通电时电压的突变导致元器件被烧坏。DC 插座有 3 个管脚,1 号引脚接电源,2、3 号引脚接地。电源电路如图 10-16 所示。

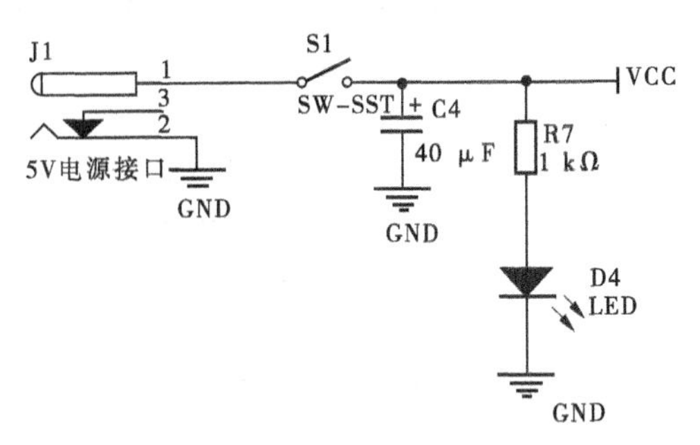

图 10-16　电源电路

10. 3. 12　继电器模块

为了安全方面的考虑,在系统中添加了继电器装置,等同于"自动开关",J 为继电器,J4 为继电器接口,它可以在外部连接一些安全装置,比如说安全气囊之类的,在老人摔倒时会自动打开,垫在老人身后,起到一个缓冲的作用,使老人不会直接与地面接触,避免老人摔倒成重伤。继电器电路如图 10-17 所示。

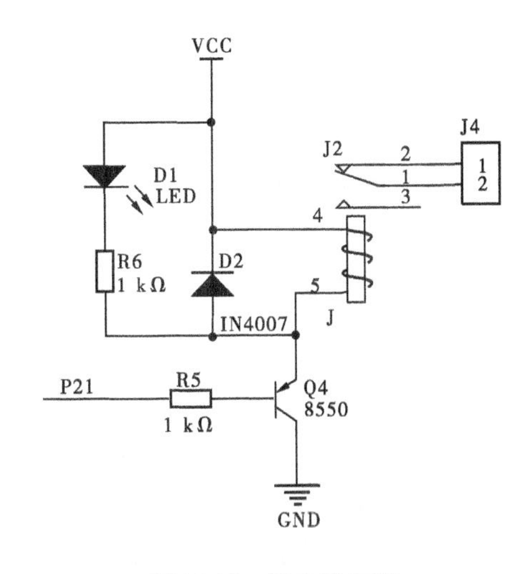

图 10-17　继电器电路

10.4　系统软件设计

10.4.1　系统主程序

当系统接通电源后最小系统初始化，根据编程的顺序，单片机一次读取温度模块、热释电模块、光敏模块、按键模块。温湿度传感器读取数据后，再通过液晶显示出来，同时通过蓝牙模块，把数据传送给智能手机接收端。热释电模块检测到红外，经由单片机把信息给语音模块，同样光敏电阻检测光的强度比较反馈后，给异步电动机动作的指令。主程序流程如图 10-18 所示。

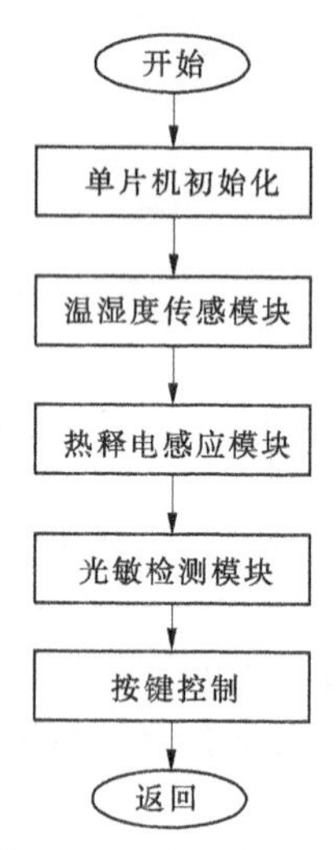

图 10-18　主程序流程

10.4.2　系统子程序

10.4.2.1　显示子程序

当液晶显示 1602 初始化后，依次读取第一行的温度数据、第二行的湿度数据；判断按键 K1 是否按下，若按键按下进入设置模式，然后 K1 按 1 次进行对温度的上限值设置，按 2 次对温度的下限值设置，按 3 次对湿度的上限值设置，按 4 次对湿度的下限值设置。对数值的加减是通过按键 K2 与 K3，K2 对应数值加，K3 对应数值减，按键 K4 是退出设置模式，再次进行数据的读取。若按下按键 K1 一次后不进行按键操作，会一直停留在设置模式。系统显示流程如图 10-19 所示。

10.4.2.2　热释电感应模块子程序

当热释电感应模块上电初始化后，对前方一定扇形区域内进行检测是否有人或者动物，若有红外感应存在，语音播报模块通过扬声器播放“欢迎光临”一次，系统再次进入下一次检测；如果第一次没有检测到人，系统会延迟 10 ms 后再次进入检测，从而循环检测。热释电传感器流程如图 10-20 所示。

10.4.2.3　光敏检测模块子程序

先设定一个特定的值（本设计为强光），当系统启动后，当前值会与设定值进行比较，若大于设定值，电机反转向闭合百叶窗的方向转动；当小于设定值时，再与设定的最小值进行比较，若小于最小值，电机也会反转，大于最小值

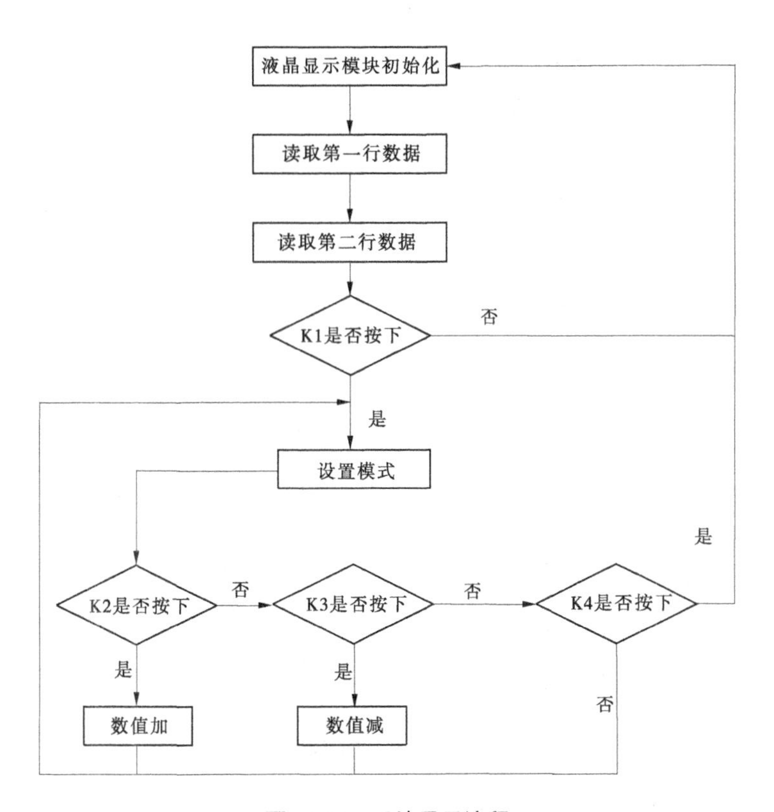

图 10-19　系统显示流程

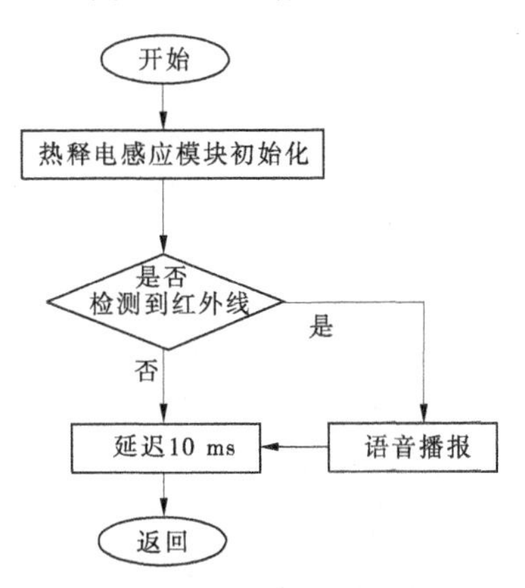

图 10-20　热释电传感器流程

时会正转。通过 A/D 转换,进行函数值比较,设定超过设定值(强光)电机反转关闭百叶扇,没超过正转,A/D 转换流程如图 10-21 所示。

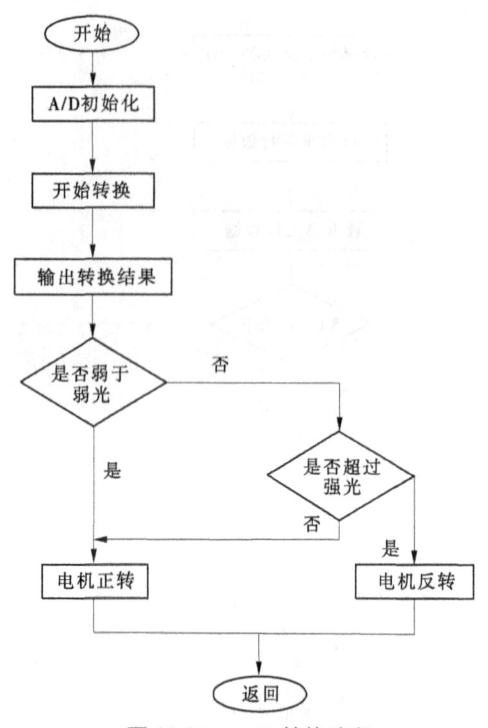

图 10-21　A/D 转换流程

10.4.2.4　蓝牙模块子程序

蓝牙模块在单片机与智能手机之间像一座桥梁,帮助两者间进行信息交换。实现无线传输数据,方便、快捷,更加符合人们的生活习惯。蓝牙模块流程如图 10-22 所示。

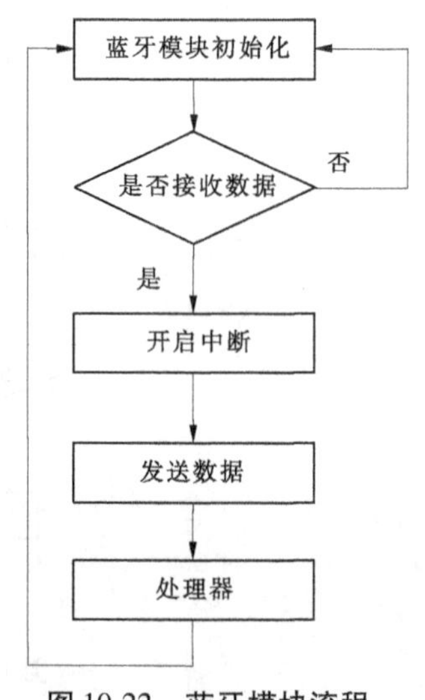

图 10-22　蓝牙模块流程

10.4.2.5　温湿度传感模块子程序

当开机系统启动以后,温湿度传感模块子程序自动进入启动,单片机调用温湿度检测子程序同时进行读数、处理、存储。若温度、湿度在设定的范围内,会显示在液晶显示器上。若温度与湿度有一个值不在设定范围内,蜂鸣器就会响起报警,当值回到设定值范围内后,报警停止,也可以按下按键手动关闭报警。温湿度检测流程图如图 10-23 所示。

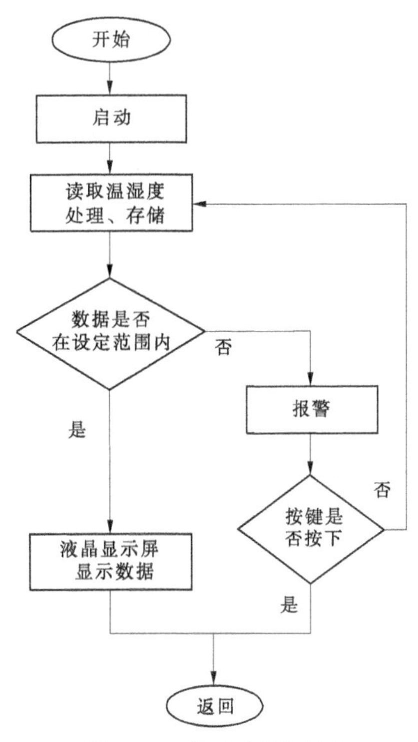

图 10-23　温湿度检测流程

10.5　系统调试及结果分析

系统调试过程先以软件进行仿真测试,检查设计电路达到预想的效果,再进行硬件设计,最后对系统进行软硬件系统调试。

10.5.1　系统仿真

在进行系统电路构建过程中,本文设计选择通过 Proteus 软件对单片机电路进行仿真模拟,减少实物制作的失误。但由于仿真软件的元器件不全及局限性,无法实现对全部的电路模块进行仿真,最终选择实物验证。

通过仿真实现了对单片机最小电路以及电机转动电路的构建，由于 Proteus 软件中无法进行光敏电阻的仿真，选择了用按键模拟设置的不同光强电机转动仿真。电机驱动电路仿真如图 10-24 所示。

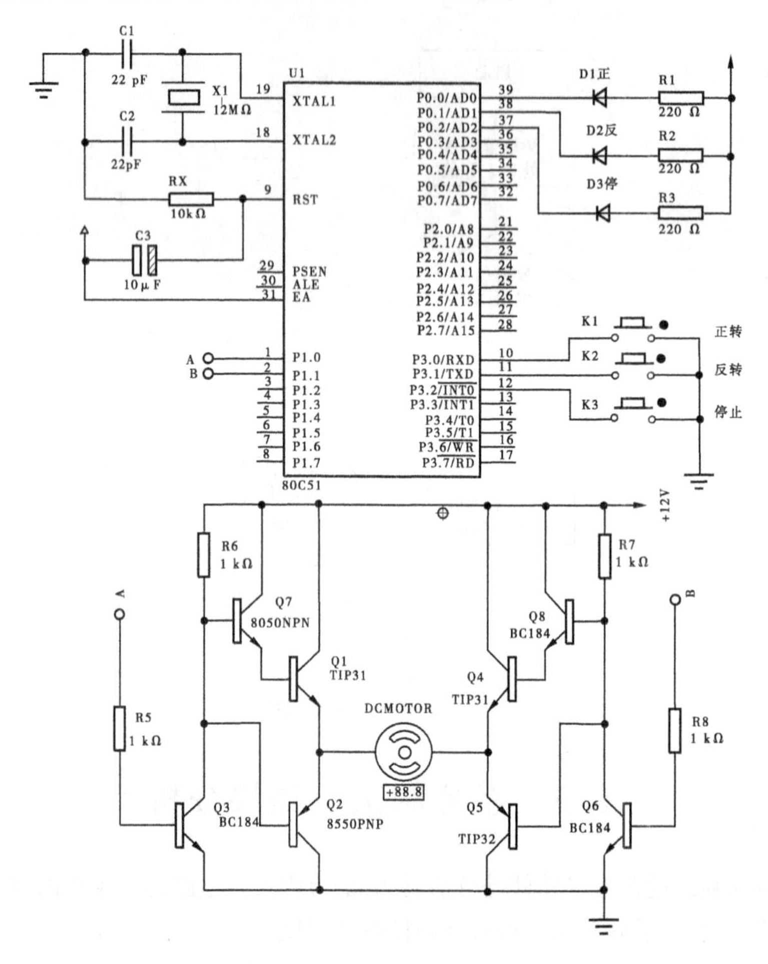

图 10-24　电机驱动电路仿真图

为更好地完成对温湿度的数据采集也先使用了仿真验证。在仿真软件中只有 DH18B20 温度读取元件，选择用 DH18B20 元件完成对温度的采集模拟仿真，并设置 85 ℃ 的温度上限到 0 ℃ 的温度下限报警提醒，及对 LCD1602 液晶屏显示仿真。经仿真测试，所设计的电路和编写的程序完全正常运行，温湿度传感、液晶显示仿真图如图 10-25 所示。

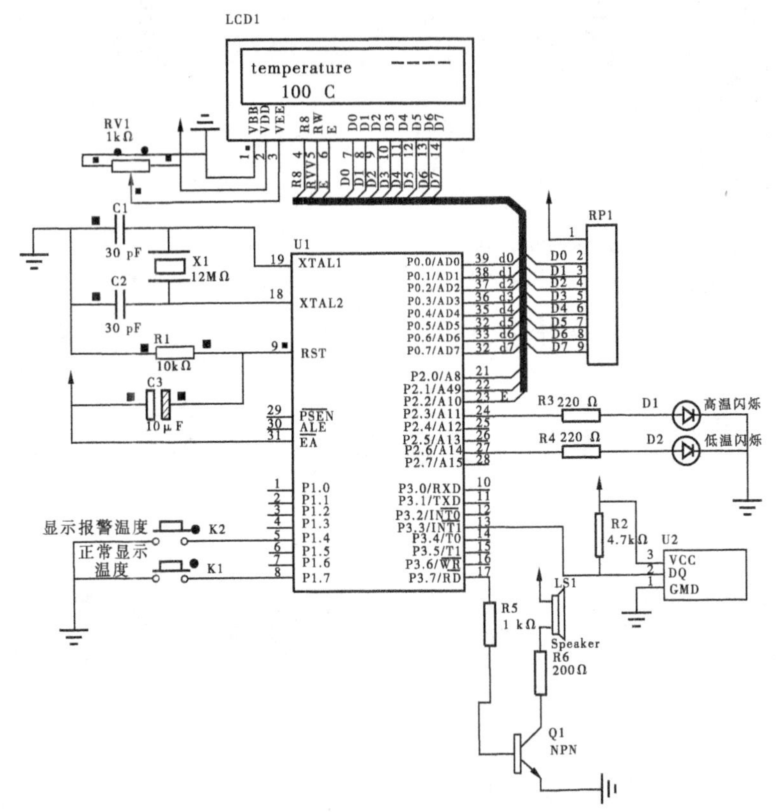

本例中将温度上、下限预设为85 ℃、0 ℃。

图 10-25　温湿度传感、液晶显示仿真图

10.5.2　系统的调试与制作

在生成主电路时,电路元器件过多,进行 PCB 布线无法在单层板上完全实现电路的制作。在板面采用外接导线实现对电路的连接。最终,主电路 PCB 布线如图 10-26 所示。

由于仿真软件的元器件不全,无法实现对语音电路、热释电电路的模拟仿真,选择了实物验证。语音播报 PCB 电路如图 10-27 所示,热释电 PCB 电路如图 10-28 所示。

电机驱动电路经仿真验证达到预期效果,在电路制作中可直接参考仿真使用制作,画出电机驱动 PCB 电路如图 10-29 所示。实物制作焊接完成后接入电路,经测试可正常工作,证明电路设计完全可行。电机实物电路

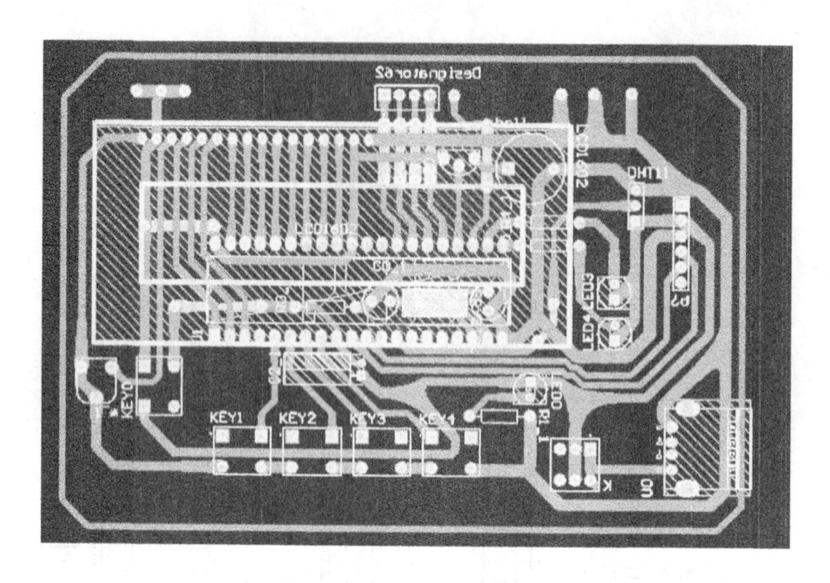

图 10-26　主电路 PCB 布线

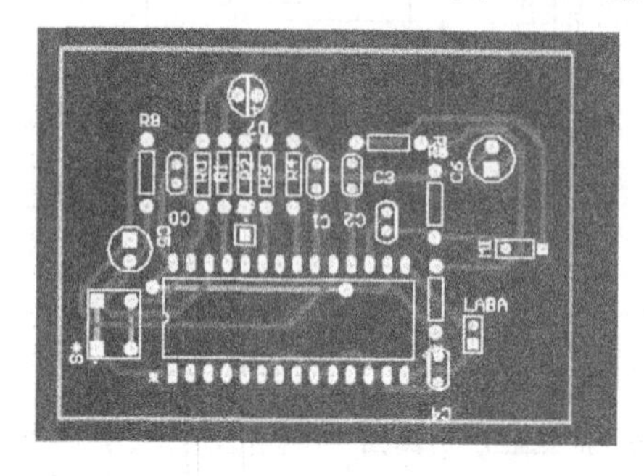

图 10-27　语音播报 PCB 电路

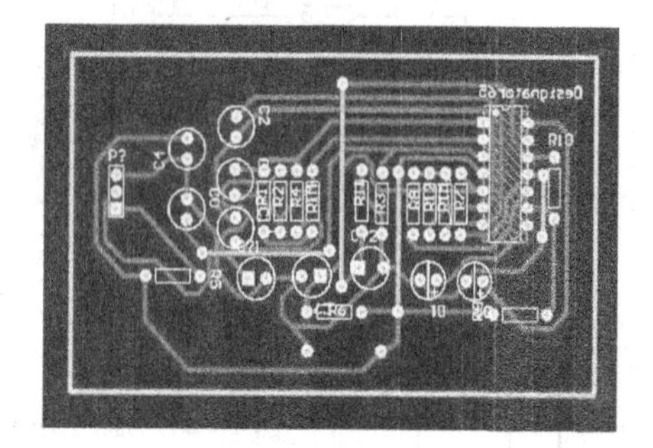

图 10-28　热释电 PCB 电路

如图 10-30 所示。

在进行实物制作时,选择使用 Altium Desigen 软件实现对 PCB 板的制作。PCB 制作过程中,由于条件有限,刚开始选择布线时使用线宽过小,在对板子的腐蚀时,造成线的腐蚀断裂,以致制板失败,同时制作过程中,未考虑到对元器件过孔的大小,在板子制孔时孔径太小,致使钻孔时焊盘脱落,造成电子电路焊盘,无法正常调试电路,不过在一次次的失败中对错误进行改进,最终完成本次设计。

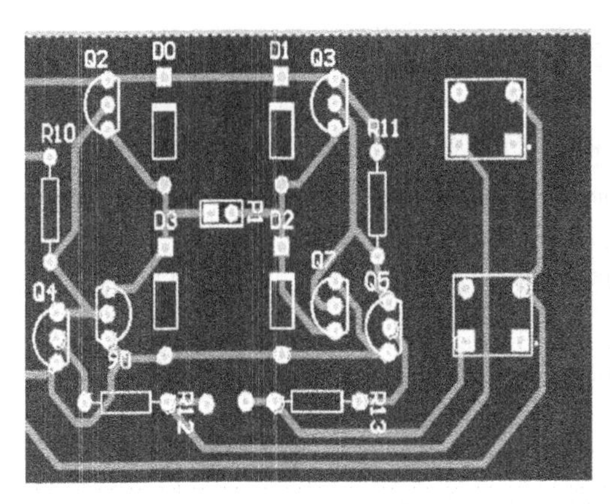

图 10-29　电机驱动 PCB 电路

图 10-30　电机实物电路

10.6　总　结

本设计对智能家居控制系统进行了整体的设计与实现,智能家庭住宅系统以 STC89C52RC 为最小系统,以光敏电阻对光的感应与异步电动机的配合,实现百叶扇自动对采光的调节,给人们的生活带来舒适性。温湿度的检测更能体现智能化带给人们的便利,不在家就可以通过网络检测家庭里面的环境状况,随时根据自己的需求进行调控,对于一些对环境的温湿度要求很严格的特殊场合来说,也便利很多。

本章对无线传输模块进行了分析,由于蓝牙传输的抗干扰性强以及现有知识能力有限,无线模块选用了蓝牙模块,利用手机蓝牙实现对一个 LED 灯的控制。LED 只是一个家庭电器的代表。对设计中最小系统的选择与应用进行了详细的分析与比较,以及对整体设计要求的考虑,最终选择了单片机 STC89C52RC。通过光敏检测实现对异步电动机的控制,认真思考比较 LM393 电压比较器与 A/D 转换对电机的转动控制,选用了 A/D 转换,对电机的转动控制更为精确。

对各个硬件设计分析选择以后,介绍了系统软件程序流程图,加深对设计的理解,让设计思路更清晰。使用仿真软件 Proteus 对光敏检测模块进行了仿真,仿真结果验证了理论设计的正确性。

参考文献

[1] 蔡型,张思全. 短距离无线通信技术综述[J]. 现代电子技术,2004,27(3):35-37.

[2] Li Ming. Intelligent Monitoring System Basedon Embedded Web[J]. Journal of Chongqing Normal University,2009,Vol. 26(3):72-73.

[3] 陈任,余征,梁金瑶. 物联网时代的智能家居发展机遇和挑战[J]. 智能建筑与城市信息,2010,14(5):20-23.

[4] 高小平. 中国智能家居的现状及发展趋势[J]. 低压电,2005,25(4):18-21.

[5] 钱志鸿,刘丹. 蓝牙技术数据传输综述[J]. 通信学报,2012,33(4):143-151.

[6] Il - kyuH, DaeSL, JinWB. Home Network Configuring Scheme for AllElectric Appliances UsingZigBee based Integrated Remote Controller[J]. IEEE Transactionson Consumer Electronics,2009,22(3):1300-1307.

[7] 张茁. 无线 WiFi 技术应用现状及发展分析[J]. 数字技术与应用,2014,31(6):44-47.

[8] 韩欢,王华军. 浅析智能家居无线组网模式[J]. 无线互联科技,2013,20(05):114-117.

[9] 李瑾. 现代无线通信技术的现状分析与发展前景分析[J]. 无线互联科技,2014,18(06):94-96.

[10] 李朱峰,刘春贵. 基于 WiFi 的物联无线智能插座[J]. 海峡科技与产业,2014,15(2):91-92.

[11] 邵鹏飞,王晶,张宝儒. 面向移动互联网的智能家居系统研究[J]. 计算机测量与控制,2012,20(2):474-476.

[12] 段晨旭,王公仆,谢秀颖. 浅析智能照明技术[J]. 现代建筑电气,2013,29(11):24-49.

[13] 王永慧,楼平,罗友,等. 基于 Android 的室内智能照明系统设计[J]. 硅谷,2013,12(18):21-23.

[14] 卢林杰. 基于 Android 的室内照明控制系统设计与实现[D]. 杭州电子科技大学,2013.

[15] 赵鹏飞,刘隽,王业矗,等. 基于 Android 的无线控制 LED 照明系统的设计与实现[J]. 电子制作,2014(18):29-30.